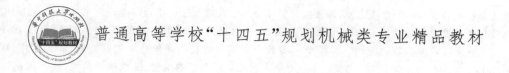

普通高等学校"十四五"规划机械类专业精品教材

机电装备传感检测实践教程

主　编 唐术锋　兰月政　郭世杰

副主编 刘刚峰　刘新华　王　琳

华中科技大学出版社

中国·武汉

内 容 简 介

本书从机电传感检测的角度出发,深入探讨了外部感知获取和反馈执行问题。全书共有二十九个实验,前九个实验为传感检测的基础实验,包括基于 Arduino 的 BASRA 开发板环境配置,以及温度、湿度、颜色、超声测距、红外编码等传感器的使用。实验十～实验十五围绕物联网通信技术展开实验,涵盖蓝牙、Wi-Fi、RFID、ZigBee 等技术。实验十六～实验二十三介绍了智能移动小车的组装、远程视频监控、颜色识别和机械臂控制。实验二十四～实验二十九结合树莓派控制终端,使用 Python 语言执行程序,展开形状和色彩识别追踪等综合性实验。

本书注重实践应用和程序控制,设计了层次化的实验内容,适合作为高等院校机器人工程、机械电子工程等相关专业的实践教材,也可供从事传感检测与执行反馈控制的工程技术人员参考。

图书在版编目(CIP)数据

机电装备传感检测实践教程 / 唐术锋,兰月政,郭世杰主编. -- 武汉：华中科技大学出版社,2024. 8.
ISBN 978-7-5772-0958-6

Ⅰ. TM92

中国国家版本馆 CIP 数据核字第 202458CA11 号

机电装备传感检测实践教程
Jidian Zhuangbei Chuangan Jiance Shijian Jiaocheng

唐术锋　　兰月政　　郭世杰　主编

策划编辑：张少奇
责任编辑：刘　飞
封面设计：原色设计
责任监印：朱　玢
出版发行：华中科技大学出版社(中国·武汉)　　　电话：(027)81321913
　　　　　武汉市东湖新技术开发区华工科技园　　　邮编：430223
录　　排：武汉三月禾文化传播有限公司
印　　刷：武汉市洪林印务有限公司
开　　本：787mm×1092mm　1/16
印　　张：12
字　　数：310 千字
版　　次：2024 年 8 月第 1 版第 1 次印刷
定　　价：39.80 元

前　言

"机电装备传感检测实践"是机械电子工程、机器人工程、智能制造工程和机械设计制造机器人自动化等相关专业的重要实践课程。本书的核心目标在于通过实验训练提升学生的实践动手能力，培养学生对多种信息采集与控制技术的实际应用能力，加深其对专业知识的理解。

在本书编写过程中，我们始终以满足教学基本需求为出发点，力求内容精练，结构合理，并将实验内容层次化，以满足不同学生的需求。本书突出机电装备传感检测与实践的知识要点，具有较强的针对性和实用性，有助于培养学生在工程实践中灵活运用传感检测技术解决问题的能力。

本书的主要特点在于以 Arduino 为处理控制终端，以 C 语言和 C++语言程序为执行程序，对常用的温度、湿度、颜色、超声测距、红外编码等传感器进行深入介绍；结合物联网技术，提升蓝牙、Wi-Fi、RFID、ZigBee 等实验水平；通过机构组装设计实现履带小车的自主运行，可实现远程视频监控、机械手臂抓取、颜色识别与分拣等功能；最后，结合树莓派控制终端，采用 Python 语言程序作为执行程序，拓展形状及色彩识别追踪等综合性实验。

本书由内蒙古工业大学唐术锋、兰月政、郭世杰担任主编，哈尔滨工业大学刘刚峰、中国矿业大学刘新华、内蒙古工业大学王琳担任副主编，全书由内蒙古工业大学唐术锋负责统稿。因水平有限，书中难免存在不足之处，热切期待各位读者的指正，以便不断修改和完善，在此深表感谢。

编　者
2024 年 3 月

目　录

实验一　BASRA 认知实验与配置编程环境实验

一、实验目的

1. 认识 BASRA 控制板，能够识别 BASRA 控制板的端口功能。
2. 学会配置 Arduino 编程环境，为编程做准备。
3. 能够根据需求编写程序并向控制板中烧录程序。

二、实验设备和工具

BASRA 控制板、USB 数据线。

三、实验设备说明及原理

1. BASRA 控制板介绍

BASRA 是基于 Arduino 开源方案设计的一款控制板，通过各种各样的传感器来感知环境，通过控制灯光、电动机和其他的装置来反馈、影响环境，可以在 Arduino、eclipse、Visual Studio 等 IDE（集成开发环境）中通过 C/C++语言来编写程序，编译成二进制文件后将其烧录进 BASRA 控制板的微控制器。BASRA 控制板的处理器核心是 ATMEGA328，同时具有 14 路数字输入/输出口（其中 6 路可作为 PWM（脉冲宽度调制）输出），6 路模拟输入口，一个 16 MHz 晶体振荡器，一个 USB 口，一个电源插座，一个 ICSP header（集成电路串行编程接口）和一个复位按钮。

主 CPU 采用 AVR ATMEGA328 型控制芯片，支持 C 语言编程方式；该系统的硬件电路包括：电源电路、串口通信电路、MCU（微控制单元）基本电路，以及烧写接口、显示模块、A/D 和 D/A 转换模块、输入模块、I2C（集成电路总线）存储模块等其他模块电路。控制板尺寸不超过 60 mm×60 mm，便于安装。CPU 硬件、软件全部开放，除能完成对小车的控制外，还能使用本控制板完成单片机所有的基础实验。供电范围宽泛，支持 5～9 V 的电压，干电池或锂电池都适用。编程器集成在控制板上，通过 USB 接口的方式与电脑连接。下载程序，开放全部底层源代码。控制板含 3 A、6 V 的稳压芯片，可为舵机提供 6 V 的额定电压。板载 8×8 LED 模块采用 MAX7219 驱动芯片。板载一片直流电动机驱动芯片 FAN8100MTC，可同时驱动两个直流电动机。板载 USB 驱动芯片及自动复位电路，烧录程序时无须手动复位。2 个 2×5 的杜邦座扩展坞，方便无线模块、OLED（有机发光二极管）、蓝牙等扩展模块直插连接，无须额外接线。

2. BASRA 控制板的特点

（1）开放源代码的电路图设计，程序开发接口免费下载，也可依需求自己修改。
（2）可以采用 USB 接口供电，不需外接电源，也可以使用外部 DC 输入。
（3）支持 ISP（在线系统编程）在线烧录，可以将新的 Bootloader 固件烧入芯片。
（4）有了 Bootloader 之后，可以在线更新固件。
（5）支持多种互动程序，如：Flash、Max/Msp、VVVV、PD、C、Processing 等。

（6）具有宽泛的供电范围，电源电压可选 3～12 V 的电源。

（7）采用堆叠设计，可在控制板尺寸不超过 60 mm×60 mm 的情况下任意扩展，便于给小型机电设备安装板载 USB 驱动芯片及自动复位电路，烧录程序时无须手动复位。

3. BASRA 控制板的参数（见表 1-1）

表 1-1　　BASRA 控制板参数表

特性	参数
工作电压	5 V
输入电压（推荐）	7～12 V
输入电压（可选范围）	6～20 V
数字 I/O 口	14
PWM 输出	6
模拟输入口	6
I/O 口直流电流	40 mA
3.3 V 口直流电流	50 mA
Flash Memory（闪存）	32 KB
Bootloader（启动加载程序）	0.5 KB
SRAM（静态随机存取存储器）	2 KB
EEPROM（带电可擦可编程只读存储器）	1 KB
工作时钟	16 MHz

4. 电源

BASRA 控制板可以通过 3 种方式供电，而且能自动选择供电方式：①外部直流电源通过电源插座供电；②电池连接电源连接器的 GND 和 VIN 引脚；③USB 接口直接供电。

电源引脚说明：

VIN——当外部直流电源接入电源插座时，可以通过 VIN 向外部供电，也可以通过此引脚向 UNO 直接供电。VIN 有电时将忽略从 USB 或者其他引脚接入的电源。

5 V——通过稳压器或 USB 的 5 V 电压，为 UNO 上的 5 V 芯片供电。

3.3 V——通过稳压器产生的 3.3 V 电压，最大驱动电流为 50 mA。

GND——接地脚。

5. 存储器

ATMEGA328 包括了片上 32 KB Flash，其中 0.5 KB 用于 Bootloader。同时还有 2 KB SRAM 和 1 KB EEPROM。

6. 输入/输出

14 路数字输入/输出口：工作电压为 5 V，每一路能输出和接入的最大电流为 40 mA。每一路配置了 20～50 kΩ 内部上拉电阻（默认不连接）。除此之外，有些引脚还有特定的功能。

串口信号 RX（0 号）、TX（1 号）：与内部 ATMEGA8U2 USB-to-TTL 芯片相连，提供 TTL 电压水平的串口接收信号。

外部中断（2 号和 3 号）：触发中断引脚，可设成上升沿、下降沿或同时触发。

PWM（3、5、6、9、10、11）：提供 6 路 8 位 PWM 输出。

SPI（10(SS)，11(MOSI)，12(MISO)，13(SCK)）：串行外围设备接口。

LED(13 号)：Arduino 专门用于测试 LED 的保留接口,输出为高电平时 LED 点亮,输出为低电平时 LED 熄灭。

6 路模拟输入 A0 到 A5：每一路具有 10 位的分辨率(即输入有 1024 个不同值),默认输入信号范围为 0~5 V,可以通过 AREF 调整输入上限。除此之外,有些引脚还有特定功能。

TWI 接口(SDA A4 和 SCL A5)：支持通信接口(兼容 I2C 总线)。

AREF：模拟输入信号的参考电压。

Reset：信号为低时复位单片机芯片。

7. 通信

串口：ATMEGA328 内置的 UART 可以通过数字口 0(RX)和 1(TX)与外部实现串口通信;ATMEGA16U2 可以访问数字口,实现 USB 上的虚拟串口功能。

TWI(兼容 I2C)接口：接口是对 I2C 总线接口的继承和发展,完全兼容 I2C 总线,具有硬件实现简单、软件设计方便、运行可靠和成本低廉的优点。TWI 由一根时钟线和一根传输数据线组成,以字节为单位进行传输。

SPI 接口：是 Motorola 公司提出的一种同步串行接口技术,是一种高速、全双工、同步通信总线,在芯片中只占用 4 根管脚来控制及数据传输,广泛用于 RTC(实时时钟)、ADC(数模转换器)、DSP(数字信号处理器)以及数字信号解码器上。SPI 通信的速度易达到 Mbps 级别,所以可以用 SPI 总线传输一些未压缩的音频以及压缩的视频。

8. 下载程序

BASRA 控制板上的 ATMEGA328 已经预置了 Bootloader 程序,因此可以通过 Arduino 软件直接下载程序到控制板中。我们可以通过控制板上的 ICSP header 直接下载程序到 AT-MEGA328。

9. 注意事项

USB 口附近有一个可重置的保险丝,对电路起到保护作用。当电流超过 500 mA 时,USB 连接会被断开。

控制板提供了自动复位设计,可以通过主机复位。这样通过 Arduino 软件下载程序到控制板时,软件可以自动复位,不需要再按复位按键。

10. 实物图与接口图

BASRA 控制板实物图与接口图见图 1-1 和图 1-2。

图 1-1　BASRA 控制板实物图

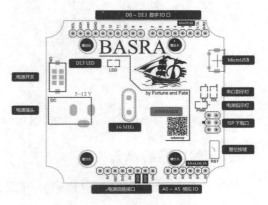

图 1-2　BASRA 控制板接口图

11. 芯片与接口引脚（见图 1-3）

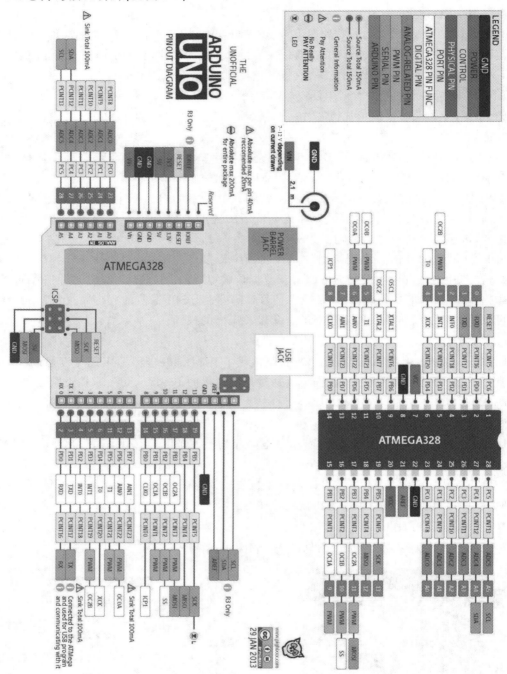

图 1-3　芯片与接口引脚图

四、实验内容和步骤

步骤一：将实验配套软件包拷贝并解压到客户端电脑，找到探索者软件套装\arduino-1.5.2 目录位置。

步骤二：将 BASRA 控制板通过 miniUSB 数据线与 PC 连接，初次连接时会弹出驱动安装提示。选择 ..\BASRA 控制板\arduino-1.5.2\drivers\FTDI USB Drivers 目录安装驱动，如图 1-4 所示。如未弹出驱动安装界面，直接跳过此步骤，执行步骤三。

图 1-4　安装步骤图(1)

步骤三：右键单击"我的电脑"打开设备管理器，在端口列表中，出现 USB Serial Port (COMx)，表示驱动安装成功。请记录下这个 COM 端口号 x，图 1-5 中的端口号为 COM3。

图 1-5　安装步骤图(2)

步骤四:在本机上运行 arduino-1.5.2 目录下的 arduino.exe,显示如图 1-6 所示。

图 1-6　程序界面图(1)

步骤五:在 Tools 菜单下,依次选择 Board 里的 Arduino Uno,以及 Serial Port 里的 COM3(COM3 为步骤三里记录下的端口号)。此时在界面右下角显示 Arduino Uno on COM3,如图 1-7 所示。

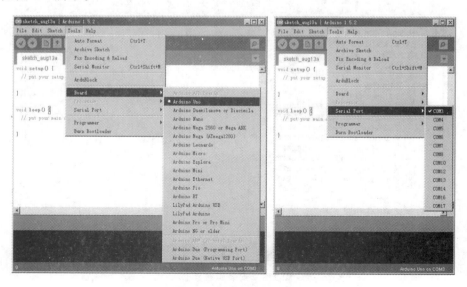

图 1-7　程序界面图(2)

步骤六：点击 upload 按钮，一个空白的程序将自动烧录到 BASRA 控制板。具体过程如图 1-8～图 1-10 所示。

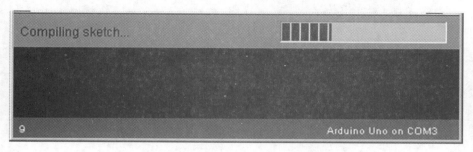

图 1-8　开始烧录代码示意图

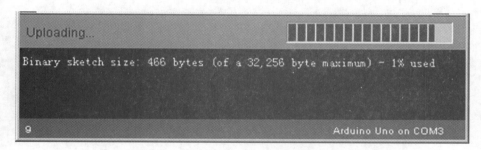

图 1-9　开始向 BASRA 控制板烧录代码示意图

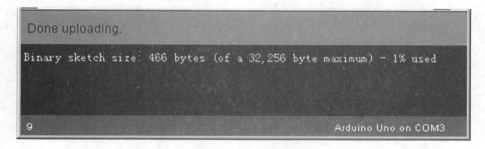

图 1-10　烧录成功示意图

五、思考题

1. 试想一下可以利用 BASRA 控制板实现什么功能。

2. BASRA 可以实现哪些通信功能？

BASRA 认知实验与配置编程环境实验报告

实验日期：_____年_____月_____日

班级：_____　姓名：_____　指导教师：_____　成绩：_____

一、实验目的

二、思考题讨论

三、心得体会

实验二　BigFish 认知实验

一、实验目的

1. 认识 BigFish 扩展板,能够将 BASRA 控制板与 BigFish 扩展板进行正确安装。
2. 能够识别扩展板相关插口功能,辨别各插口的接线方式。
3. 能够操作舵机、触发器及摇杆电位器和控制板连接,设计代码并运行。

二、实验设备和工具

BASRA 控制板、BigFish2.0 扩展板、四芯输出线、miniUSB 数据线、TTL 触发型传感器、金属 PS2 摇杆电位器、直流电动机、舵机。

三、实验设备说明及原理

BASRA 是一款开源的控制板,专用于简单机器人的扩展板,能与大部分传感器通过四芯输出线连接。

通过 BigFish 扩展板连接的电路可靠稳定,其扩展口包括伺服电动机接口、8×8 LED 点阵、直流电动机驱动接口以及一个通用扩展接口。BigFish 扩展板是 BASRA 控制板的必备配件。

注意:D11 和 D12 舵机端口与 LED 点阵复用,请注意避免同时使用。

背面两侧的跳线分别作用于两侧的红色接口(通常采用 5 V 电压,接传感器)或白色接口(通常采用 6 V 电压,接舵机),使用前请检查背面跳线设置是否与器件电压相符,接口说明如图 2-1 所示。

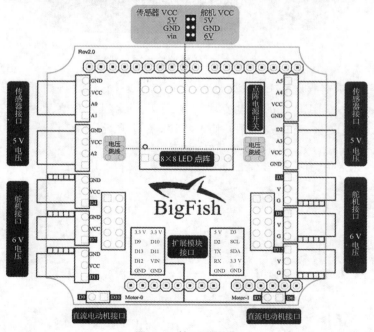

图 2-1　接口说明图

四、实验内容和步骤

步骤一：将 BASRA 控制板与 BigFish 扩展板正确连接，如图 2-2 所示。

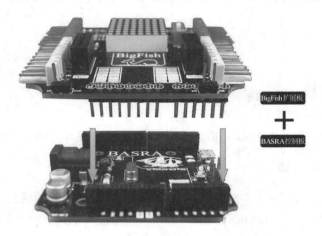

图 2-2　硬件连接示意图(1)

步骤二：将 TTL 触发型传感器通过四芯输出线与扩展板连接，如图 2-3 所示。

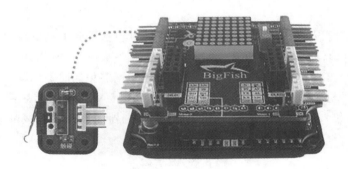

图 2-3　硬件连接示意图(2)

步骤三：首先烧录空程序到 BASRA，恢复到原始状态，然后运行如下代码并按下触发器，观察 BASRA 控制板上 LED 灯的亮度变化情况。按下触发器，观察是否能控制 LED 灯的通断，若 LED 灯无任何变化，请查找问题并修改程序，然后重新加载。

```
const int buttonPin = 2;        // 安装端口的编号
const int ledPin = 13;          // LED 引脚编号
int buttonState = 0;            // 读取按钮的变量
void setup() {
  pinMode(ledPin, OUTPUT);
  pinMode(buttonPin, INPUT);
}
void loop(){
  buttonState = digitalRead(buttonPin);
  if (buttonState ==  HIGH) {
    // 打开 LED 灯：
```

```
    digitalWrite(ledPin, HIGH);
  } else {
    // 关闭 LED 灯:
    digitalWrite(ledPin, LOW);
  }
}
```

　　按图安装时查看端口序号是 A0 和 A1,因此需要将代码的端口编号处的 2 改成 A0,重新运行代码即可实现操作。

　　步骤四:将 TTL 触发型传感器更换为金属 PS2 摇杆电位器,如图 2-4 所示。

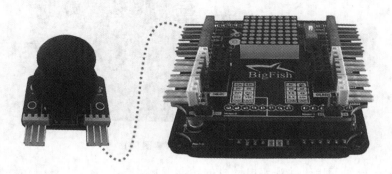

图 2-4　硬件连接示意图(3)

　　步骤五:运行如下代码,并打开 Tools 中的 Serial Monitor,左右摇动摇杆,观察显示的内容。

```
const int analogInPin =  A0;        // 电位器连接的模拟输入引脚

const int analogOutPin =  9;        // LED 连接的模拟输出引脚

int sensorValue =  0;               // 从 pot 中取值
int outputValue =  0;               // 值输出到 PWM(模拟输出)

void setup() {
  Serial.begin(9600);
}

void loop() {
  // 读取模拟值:
  sensorValue =  analogRead(analogInPin);
  // 将它映射到模拟输出的范围内:
  outputValue =  map(sensorValue, 0, 1023, 0, 255);
  // 更改模拟输出值:
  analogWrite(analogOutPin, outputValue);

  // 将结果打印到串行监视器中:
  Serial.print("sensor =  ");
```

```
Serial.print(sensorValue);
Serial.print("\t output =  ");
Serial.println(outputValue);

// 在下一个循环之前等待 10 毫秒
delay(10);
}
```

步骤六：将金属 PS2 摇杆电位器更换为直流电动机，如图 2-5 所示。

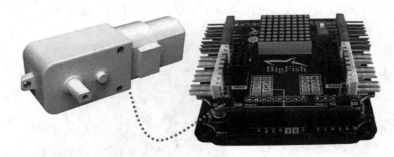

图 2-5　硬件连接示意图(4)

步骤七：试运行如下代码并观察电动机的转动变化。

```
int ledPin = 9;        // 连接到数字引脚 9 的 LED

void setup() {
  // setup 中什么都没有发生
}


void loop() {
  // 从 min 到 max 以 5 点的增量淡入：
  for(int fadeValue = 0 ; fadeValue < = 255; fadeValue + = 5) {
    // 设置值域 (从 0 到 255)：
    analogWrite(ledPin, fadeValue);
    // 等待 30 毫秒观察效果
    delay(30);
  }

  // 从 max 到 min 以 5 点的增量淡出：
  for(int fadeValue = 255 ; fadeValue >= 0; fadeValue -= 5) {
    // 设置值域 (从 0 到 255)：
    analogWrite(ledPin, fadeValue);
    // 等待 30 毫秒观察效果
    delay(30);
  }
}
```

步骤八：打开 Tools 中的 ArduBlock 模块，在图形化编程界面 ArduBlock 中编写图 2-6 所示程序并烧录上传到 Arduino 中,观察电动机的转动情况,并试着调节数值大小,再次观察电动机的转动情况。

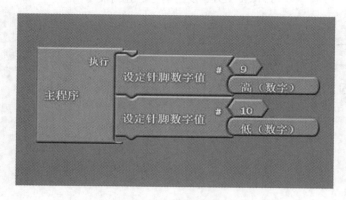

图 2-6 图形化编程界面

五、思考题

1. 尝试对 TTL 触发型传感器和直流电动机代码进行修改,以达到一个相反的控制效果。

2. 采用图形化编程,调整设定针脚数字值能够实现什么反馈?

3. BASRA 控制板与 BigFish 扩展板能够用到哪些工程实践中?

BigFish 认知实验报告

实验日期：_____年_____月_____日

班级：_____ 姓名：_____ 指导教师：_____ 成绩：_____

一、实验目的

二、思考题讨论

三、心得体会

实验三　控制舵机及驱动 8×8 LED 点阵实验

一、实验目的

1. 对扩展板进一步进行实验检测。
2. 对扩展板相关插口功能进行识别。
3. 通过实验操作，运行代码，对舵机和扩展板上的 LED 点阵进行实验创新。

二、实验设备和工具

BASRA 控制板、BigFish2.0 扩展板、四芯输出线、miniUSB 数据线、舵机。

三、实验设备说明及原理

舵机主要是由外壳、电路板、驱动马达、减速器与位置检测元件所构成。其工作原理是由接收机发出信号给舵机，经由电路板上的 IC 驱动无核心马达开始转动，透过减速齿轮将动力传至摆臂，同时由位置检测器送回信号，判断是否已经到达定位。位置检测器其实就是可变电阻，当舵机转动时电阻值也会随之改变，借由检测电阻值便可知转动的角度。一般的伺服马达是将细铜线缠绕在三极转子上，当电流流经线圈时便会产生磁场，与转子外围的磁铁产生排斥作用，进而产生转动的作用力。依据物理学原理，物体的转动惯量与质量成正比，因此要转动质量大的物体，所需的作用力也大。为求舵机转速快、耗电小，将细铜线缠绕成极薄的中空圆柱体，形成一个重量极轻的无极中空转子，并将磁铁置于圆柱体内，这就是空心杯马达。

四、实验内容和步骤

实验内容一：控制舵机

步骤一：将舵机通过四芯输出线与扩展板连接，如图 3-1 所示。

图 3-1　硬件连接示意图(1)

步骤二：打开 Tools 中的 ArduBlock 模块，在图形化编程界面 ArduBlock 中编写图 3-2 所示程序并烧录，观察舵机的转动情况。

自动生成的源代码如下：

图 3-2 图形化编程界面

```
# include < Servo.h>
Servo servo_pin_4;
void setup() {
    servo_pin_4.attach(4);
}
void loop() {
    servo_pin_4.write( 120 );
    delay( 1000 );
    servo_pin_4.write( 60 );
    delay( 1000 );
}
```

按图安装时查看端口序号是 A0 和 A1，因此需要将代码端口编号处的 2 改成 A0，重新运行代码即可实现操作。

实验内容二：摇杆电位器的模拟

步骤一：将 TTL 触发型传感器更换为金属 PS2 摇杆电位器，如图 3-3 所示。

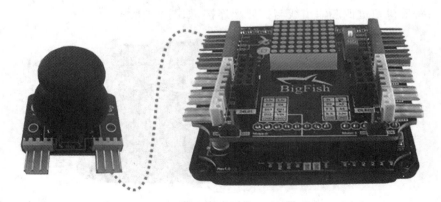

图 3-3 硬件连接示意图(2)

步骤二：试着运行如下代码，观察 Serial Monitor 所显示的变化。

```
const int analogInPin = A0;    // 电位器连接的模拟输入销
```

```
const int analogOutPin = 9;  // LED 连接的模拟输出引脚

int sensorValue = 0;         // 从 pot 中取值
int outputValue = 0;         // 值输出到 PWM(模拟输出)

void setup() {
  Serial.begin(9600);
}

void loop() {
  // 读取模拟值：
  sensorValue = analogRead(analogInPin);
  // 将它映射到模拟输出的范围内：
  outputValue = map(sensorValue, 0, 1023, 0, 255);
  // 更改模拟输出值：
  analogWrite(analogOutPin, outputValue);

  // 将结果打印到串行监视器中：
  Serial.print("sensor =  ");
  Serial.print(sensorValue);
  Serial.print("\t output =  ");
  Serial.println(outputValue);

  // 在下一个循环之前等待 10 毫秒
  delay(10);
}
```

打开 Tools 中的 Serial Monitor,左右摇动摇杆,观察显示的内容。

实验内容三:驱动 8×8 LED 点阵

8×8 LED 点阵板在 BigFish2.0 扩展板上无须额外安装。实验开始前首先将电子元件资料\控制\BigFish 扩展板\libraries\LedControl 拷贝到 arduino 的 libraries 中。试着运行如下代码并观察 LED 点阵板的变化情况。

```
//我们必须先导入文件
# include "LedControl.h"
//现在我们需要一个控制件。
//这些引脚号可能无法用于硬件的工作
//引脚 12 已连接到数据接口
//引脚 11 已连接到 CLK 上
//引脚 10 已连接到负载器上
//我们只有一个 MAX72XX。
LedControl lc= LedControl(12,11,13,1);
//我们总是在数据上传前等待一会儿
unsigned long delaytime= 100;
void setup() {
```

```
 // MAX72XX 在启动时处于节能模式,我们需将其启动
 lc.shutdown(0,false);
 // 将亮度设置为中等值
 lc.setIntensity(0,8);
 // 并清除显示
 lc.clearDisplay(0);
}
// 此方法 LED 矩阵将显示为单词"Arduino"。
(你需要至少 5×7 个 LED 来显示整个单词)
void writeArduinoOnMatrix() {
 // 这是这些字符的数据
 byte a[5]= {B01111110,B10001000,B10001000,B10001000,B01111110};
 byte r[5]= {B00111110,B00010000,B00100000,B00100000,B00010000};
 byte d[5]= {B00011100,B00100010,B00100010,B00010010,B11111110};
 byte u[5]= {B00111100,B00000010,B00000010,B00000100,B00111110};
 byte i[5]= {B00000000,B00100010,B10111110,B00000010,B00000000};
 byte n[5]= {B00111110,B00010000,B00100000,B00100000,B00011110};
 byte o[5]= {B00011100,B00100010,B00100010,B00100010,B00011100};
 // 现在一个接一个地显示它们和一个小的延迟
 lc.setRow(0,0,a[0]);
 lc.setRow(0,1,a[1]);
 lc.setRow(0,2,a[2]);
 lc.setRow(0,3,a[3]);
 lc.setRow(0,4,a[4]);
 delay(delaytime);
 lc.setRow(0,0,r[0]);
 lc.setRow(0,1,r[1]);
 lc.setRow(0,2,r[2]);
 lc.setRow(0,3,r[3]);
 lc.setRow(0,4,r[4]);
 delay(delaytime);
 lc.setRow(0,0,d[0]);
 lc.setRow(0,1,d[1]);
 lc.setRow(0,2,d[2]);
 lc.setRow(0,3,d[3]);
 lc.setRow(0,4,d[4]);
 delay(delaytime);
 lc.setRow(0,0,u[0]);
 lc.setRow(0,1,u[1]);
 lc.setRow(0,2,u[2]);
 lc.setRow(0,3,u[3]);
 lc.setRow(0,4,u[4]);
 delay(delaytime);
 lc.setRow(0,0,i[0]);
```

```
    lc.setRow(0,1,i[1]);
    lc.setRow(0,2,i[2]);
    lc.setRow(0,3,i[3]);
    lc.setRow(0,4,i[4]);
    delay(delaytime);
    lc.setRow(0,0,n[0]);
    lc.setRow(0,1,n[1]);
    lc.setRow(0,2,n[2]);
    lc.setRow(0,3,n[3]);
    lc.setRow(0,4,n[4]);
    delay(delaytime);
    lc.setRow(0,0,o[0]);
    lc.setRow(0,1,o[1]);
    lc.setRow(0,2,o[2]);
    lc.setRow(0,3,o[3]);
    lc.setRow(0,4,o[4]);
    delay(delaytime);
    lc.setRow(0,0,0);
    lc.setRow(0,1,0);
    lc.setRow(0,2,0);
    lc.setRow(0,3,0);
    lc.setRow(0,4,0);
    delay(delaytime);
}
// 这个函数会连续点亮一些 Led 灯。
// 该模式将在每一行上重复使用。
// 该模式中的 LED 灯将随着行号一起闪烁。
// row number 4 (index== 3) will blink 4 times etc.
void rows() {
  for(int row= 0;row< 8;row++ ) {
    delay(delaytime);
    lc.setRow(0,row,B10100000);
    delay(delaytime);
    lc.setRow(0,row,(byte)0);
    for(int i= 0;i< row;i++ ) {
      delay(delaytime);
      lc.setRow(0,row,B10100000);
      delay(delaytime);
      lc.setRow(0,row,(byte)0);
    }
  }
}
// 此函数将照亮某列中的一些 LED。
// 该模式将在每列上重复。
```

```
// 该模式中的 LED 灯将随着列号的变化而闪烁。
// column number 4 (index== 3) will blink 4 times etc.
void columns() {
  for(int col= 0;col< 8;col++ ) {
    delay(delaytime);
    lc.setColumn(0,col,B10100000);
    delay(delaytime);
    lc.setColumn(0,col,(byte)0);
    for(int i= 0;i< col;i++ ) {
      delay(delaytime);
      lc.setColumn(0,col,B10100000);
      delay(delaytime);
      lc.setColumn(0,col,(byte)0);
    }
  }
}
// 这个函数将照亮矩阵上的每个 LED。
// LED 灯会随着行号一起闪烁。
// row number 4 (index== 3) will blink 4 times etc.
void single() {
  for(int row= 0;row< 8;row++ ) {
    for(int col= 0;col< 8;col++ ) {
      delay(delaytime);
      lc.setLed(0,row,col,true);
      delay(delaytime);
      for(int i= 0;i< col;i++ ) {
        lc.setLed(0,row,col,false);
        delay(delaytime);
        lc.setLed(0,row,col,true);
        delay(delaytime);
      }
    }
  }
}
void loop() {
  writeArduinoOnMatrix();
  rows();
  columns();
  single();
}
```

五、思考题

1. 尝试对 TTL 触发型传感器和直流电动机代码进行修改,以达到一个相反的控制效果。

2. 试着对 LED 控制板程序进行改动使其显示不同的图像。

控制舵机及驱动 8×8 LED 点阵实验报告

实验日期：_____年_____月_____日

班级：_____　姓名：_____　指导教师：_____　成绩：_____

一、实验目的

二、思考题讨论

三、心得体会

实验四　TTL 传感器实验

一、实验目的

1. 能够描述火焰、灰度、近红外等传感器的作用、参数及用法。
2. 掌握摇杆模块、编码器的参数及基础用法。

二、实验设备和工具

灰度传感器、近红外传感器、火焰传感器、BASRA 控制板、BigFish 扩展板、四芯输出线、miniUSB 数据线。

三、实验设备说明及原理

1. 灰度传感器

灰度传感器又称黑标传感器，可以帮助进行黑线的跟踪，可以识别白色背景中的黑色区域。寻线信号可以提供稳定的输出信号，使寻线更准确更稳定。有效距离为 0.7～3 cm。工作电压：4.7～5.5 V。工作电流：1.2 mA。灰度传感器如图 4-1 所示，主要部件说明如下：

①固定孔，便于用螺钉将模块固定于机器人上；

②四芯输入线接口，连接四芯输入线；

图 4-1　灰度传感器

③黑标/白标传感器元件，用于检测黑线/白线信号。

注意事项：安装黑标/白标传感器时应当贴近地面且与地面平行，这样传感器才能更加灵敏并且有效。

2. 近红外传感器

近红外传感器可以发射并接收反射的红外信号，有效检测范围在 20 cm 以内。工作电压：4.7～5.5 V。工作电流：1.2 mA。频率：38 kHz。近红外传感器如图 4-2 所示，主要部件说明如下：

①固定孔，便于用螺钉将模块固定于机器人上；

②四芯输入线接口，连接四芯输入线；

③近红外信号发射头，用于发射红外信号；

图 4-2　近红外传感器

④近红外信号接收头，用于接收反射的红外信号。

注意事项：在安装近红外传感器时，注意不要遮挡发射头和接收头，以免传感器检测发生偏差。

3. 火焰传感器

火焰传感器，又称光强传感器。光强传感器能够识别光线强弱，因此能够识别火焰。火焰传感器只能检测光线的突变，一般在距离 40 W 日光灯 1.5 m 左右，照度 30 lx 以下触发传感器进行检测。火焰传感器如图 4-3 所示，主要部件说明如下：

①固定孔，便于用螺钉将模块固定于机器人上；

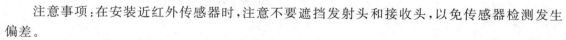

②四芯输入线接口,连接四芯输入线;

③光敏元件,当光线由强变弱时被触发。

注意事项:安装火焰传感器时注意将感光元件对准光源。这样传感器才能较精确地检测到光线的强弱变化。

图 4-3　火焰传感器

图 4-4　硬件连接示意图

四、实验内容和步骤

实验内容一

步骤一:如图 4-4 所示,将 TTL 传感器连接到 BigFish 扩展板的传感器端口上。

步骤二:试运行如下代码。

```
const int buttonPin = A0 ;        // 按钮引脚的编号
const int ledPin = 13;            // LED 引脚的编号
int buttonState = 0;              // 变量读取按钮状态

void setup() {
  pinMode(ledPin, OUTPUT);
  pinMode(buttonPin, INPUT);
}
void loop(){
  buttonState= digitalRead(buttonPin);
  if (buttonState ==  HIGH) {
    // turn LED on:
    digitalWrite(ledPin, HIGH);
    } else {
    // turn LED off:
    digitalWrite(ledPin, LOW);
  }
}
```

上述示例程序默认代码中,第一行"const int buttonPin＝A0;"中的参数 A0 表示传感器安装在 A0 端口。在"buttonState＝digitalRead(buttonPin);"语句中 digitalRead 表示读取端口的电平状态,如果是高电平则返回 HIGH,如果是低电平则返回 LOW。而所有的探索者TTL 触发型传感器在非触发状态时端口电平为 HIGH,在触发状态时端口电平为 LOW。因此这个语句表示,传感器没有触发时 LED 指示灯常亮,触发时熄灭。修改 buttonPin 的参数后,将程序上传到控制板中,观察控制板上 D13 处的 LED 指示灯随传感器触发状态的变化情况。

实验内容二

修改代码,使 LED 指示灯在传感器没有触发时熄灭,触发时常亮。

五、思考题

1.灰度传感器、近红外传感器、火焰传感器分别可以运用在什么场景或设备里?

2.该实验所用红外传感器与楼道内的感应灯所用红外传感器有什么区别?

TTL 传感器实验报告

实验日期：_____年_____月_____日

班级：_____　姓名：_____　指导教师：_____　成绩：_____

一、实验目的

二、完成实验内容二代码

三、思考题讨论

四、心得体会

实验五　贪食蛇——摇杆模块应用实验

一、实验目的

1. 能够复述摇感模块的性能特点、工作原理及机构组成情况。
2. 基本掌握摇杆模块的操作方法、步骤和注意事项。
3. 通过编写控制代码进行实验创新、探究实验意义、总结实验方法。

二、实验设备和工具

金属 PS2 摇杆电位器、BASRA 控制板、BigFish2.0 扩展板。

三、实验设备说明及原理

摇杆模块采用原装优质金属 PS2 摇杆电位器制作，具有 2 轴（X，Y）模拟输出，1 路（Z）按钮数字输出。摆动 PS2 游戏摇杆时，接触刷改变接触位置时，可变电阻器（电位器）的引脚处的输出电压就会发生变化。X、Y 端口输出模拟信号，而 Z 端口输出数字信号，因此，X 和 Y 端口连接 ADC 引脚，而 Z 端口连接数字端口。配合控制板可以制作遥控器等互动作品。该摇杆电位器的详细参数如表 5-1 所示。

表 5-1　摇杆电位器参数

轴材质		树脂
操纵杆复位机构		有
可变电阻器部分	最高使用电压	50 V AC，5 V DC
	阻抗变化性能	B（0B）
	总电阻值	10 kΩ
中央按动部分	中心按钮	有
	最大额定值	50 mA，12 V DC
	行程	0.5（+0.5，−0.4）mm
使用温度范围		−10～70 ℃
电性能	方向分辨率	连续
	绝缘电阻	100 MΩ（min），250 V DC
	耐电压	250 V AC for 1 min
	额定功率	0.0125 W
机械性能	方向动作力	（17±10）mN · m
	按压动作力	6.4（+3.4，−2.6）N

续表

轴材质		树脂
耐环境性能	耐寒性能	（−30±2）℃ for 96 h
	耐热性能	（80±2）℃ for 96 h
	耐湿性能	（60±2）℃，90%RH～95%RH for 96 h
焊接耐热性能	手工焊接	300 ℃(max)，3 s(max)
	浸焊	（260±5）℃，(5±1) s
滑动噪声		300 mV(max) by JIS method
操纵杆的活动性		5°(max)
操纵强度		推力最小值为 98 N,拉力最小值为 50 N
耐久性能	操作寿命	方向
		2000000 cycles
		中心按动
		1000000 cycles

四、实验内容和步骤

实验内容一

步骤一：如图 5-1 所示，找到所需实验器材并完成连接，实现基础实验。

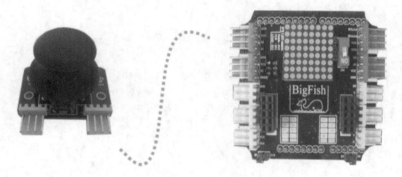

图 5-1 硬件连接示意图

步骤二：编写程序并烧录到 Mehran 控制板中,将运行贪食蛇游戏。

本实验示例程序源代码如下：

```
# include "LedControl.h" //添加头文件
# include < MsTimer2.h>
LedControl lc=LedControl(12,11,13,1); //配置 8×8 LED 点阵
const int analogXPin = A0; //配置 PAD 引脚
const int analogYPin = A1;
int headX= 0; //定义贪食蛇开始位置
int headY= 0;
int length= 0; //定义贪食蛇长度
int bodyX[20]; //定义贪食蛇身体的位置
int bodyY[20];
int padX= 0; //定义贪食蛇的行走路线
```

```
int padY= 0;
int moveX= 1; //定义贪食蛇自动移动时的方向
int moveY= 0;
int randx; //定义食物位置
int randy;
int delaytime= 500; //定义贪食蛇的速度
bool game_over = false;
void SetFood();
void GetPad();
void RefreshBody();
void MoveByPad();
void EatCheck();
void ShowHead();
void ShowBody();
void Timer();
void setup() {
  lc.shutdown(0,false); //使能 8×8 LED 点阵
  lc.setIntensity(0,8); //0~15
  lc.clearDisplay(0);
  MsTimer2::set(delaytime, Timer);
  MsTimer2::start();
  randomSeed(analogRead(2));
  SetFood();
}

void loop() {
  GetPad();
}
void Timer() {
  RefreshBody();
  MoveByPad();
  EatCheck();
  ShowHead();
  ShowBody();
}
void SetFood() {
  lc.setLed(0,randx,randy,false);
  while(1) {
    randx= random(7);
    randy= random(7);
    if(randx! = headX && randy! = headY) break;
  }
}
void GetPad() {
```

```
    if(analogRead(analogXPin)> 1010) {padX= 1;}
    else if(analogRead(analogXPin)< 10) {padX= - 1;}
    else {padX= 0;}
    if(analogRead(analogYPin)> 1010) {padY= - 1;}
    else if(analogRead(analogYPin)< 10) {padY= 1;}
    else {padY= 0;}
}
void RefreshBody() {
    int i;
    lc.clearDisplay(0);
    for(i= 0;i< length;i+ + ) {
        bodyX[length-i]= bodyX[length-i-1];
        bodyY[length-i]= bodyY[length-i-1];
    }
    bodyX[0]= headX;
    bodyY[0]= headY;
}
void MoveByPad() {
    if(padX! = 0) {moveX= padX;moveY= 0;}
    if(padY! = 0) {moveY= padY;moveX= 0;}
    headX= headX+ moveX;
    if(headX> 7)headX= 0;
    if(headX< 0)headX= 7;
    headY= headY+ moveY;
    if(headY> 7)headY= 0;
    if(headY< 0)headY= 7;
}
void EatCheck() {
    if(headX== randx && headY== randy) {//食物位置是否和贪食蛇位置重合
        SetFood();
        length+ + ;
        if(length> 19) length= 19;
        delaytime= delaytime -10;
    }
}
void ShowHead() {
    lc.setLed(0,headX,headY,true);
    lc.setLed(0,randx,randy,true);
}
void ShowBody() {
    int i;
    for(i= 0;i< length;i+ + ) lc.setLed(0,bodyX[i],bodyY[i],true);
}
```

实验内容二

请在示例程序的基础上,继续完善这个贪食蛇游戏,增加游戏开始、游戏失败、游戏成功的功能,使其成为一个完整的游戏。

五、思考题

1.简述贪食蛇——摇杆模块应用实验的原理。

2.列举摇杆模块的应用场合及优缺点。

贪食蛇——摇杆模块应用实验报告

实验日期：＿＿＿＿＿＿年＿＿＿月＿＿＿日

班级：＿＿＿＿＿＿　姓名：＿＿＿＿＿＿　指导教师：＿＿＿＿＿＿　成绩：＿＿＿＿

一、实验目的

二、完成实验内容二代码(可另附页)

1. 游戏开始

2. 游戏暂停

3. 游戏结束

4. 游戏成功

5.游戏失败

三、思考题讨论

四、心得体会

实验六　DHT11 数字温湿度传感器实验

一、实验目的

1. 能够复述 DHT11 数字温湿度传感器的性能。
2. 结合实验设备使用 DHT11 数字温湿度传感器测量温度。

二、实验设备和工具

DHT11 数字温湿度传感器、连接线、Mehran 控制板、BigFish 扩展板、miniUSB 数据线、7.4 V 锂电池。

三、实验设备说明及原理

1. DHT11 数字温湿度传感器

DHT11 数字温湿度传感器是一款含有已校准数字信号输出的温湿度传感器，它应用专用的数字模块采集技术和温湿度传感技术，确保极高的可靠性和卓越的长期稳定性。该传感器包括一个电阻式感湿元件和一个 NTC（负温度系数传感器）测温元件，具有品质卓越、响应超快、抗干扰能力强、性价比极高等优点。每个 DHT11 传感器都在极为精确的湿度校验室中进行校准。校准系数以程序的形式存在 OTP（一次性可编程）内存中，传感器内部在检测型号的处理过程中要调用这些校准系数。DHT11 数字温湿度传感器特性如表 6-1 所示。

表 6-1　DHT11 数字温湿度传感器特性

参数	描述
供电电压	3.3～5.5 V DC
输出	单总线数字信号
测量范围	湿度:20％RH～90％RH,温度:0～50 ℃
测量精度	湿度:±5％RH,温度:±2 ℃
分辨率	湿度:1％RH,温度:1 ℃
互换性	可完全互换
长期稳定性	每年相对湿度变化在－1％～1％之间

2. DHT11 数字温湿度传感器电气原理图（见图 6-1）

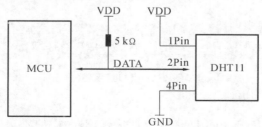

图 6-1　DHT11 数字温湿度传感器电气原理图

四、实验内容和步骤

实验内容一

步骤一:如图 6-2 所示进行硬件连接。

图 6-2　硬件连接示意图

步骤二:将编写好的程序烧录到 Mehran 控制板中,打开 Serial Monitor,观察显示的内容,如图 6-3 所示。

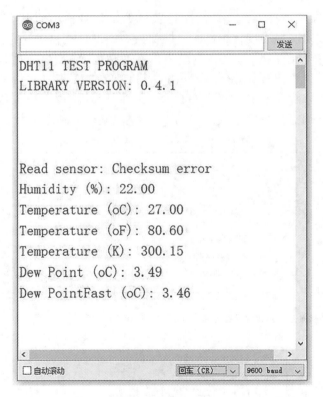

图 6-3　窗口显示图

注意事项:

DHT11 采用单总线方式与 CPU 进行数据传输,对时序的要求比较高,写程序的时候数据的采集必须间隔 1 s 以上,不然采集会失败。

本实验示例程序源代码如下：

```
// 摄氏温度转化为华氏温度
double Fahrenheit(double celsius){
    return 1.8 * celsius + 32;
}


// 摄氏温度转化为开氏温度
double Kelvin(double celsius){
    return celsius + 273.15;
}
// 露点(在此温度时,空气饱和并产生露珠)
// reference: http://wahiduddin.net/calc/density_algorithms.htm
double dewPoint(double celsius, double humidity){
  double RATIO = 373.15 / (273.15 + celsius); // RATIO was originally named A0,possibly
                                              confusing in Arduino context
  double SUM = - 7.90298 * (RATIO - 1);
  SUM + = 5.02808 * log10(RATIO);
  SUM + = - 1.3816e- 7 * (pow(10, (11.344 * (1 - 1/RATIO ))) - 1) ;
  SUM + = 8.1328e- 3 * (pow(10, (- 3.49149 * (RATIO - 1))) - 1) ;
  SUM + = log10(1013.246);
  double VP = pow(10, SUM-3) * humidity;
  double T = log (VP/0.61078); // temp var
  return (241.88 * T) / (17.558-T);
}


// 快速计算露点,速度是 5 倍 dewPoint()
// reference: http://en.wikipedia.org/wiki/Dew_point
double dewPointFast(double celsius, double humidity){
  double a = 17.271;
  double b = 237.7;
  double temp = (a * celsius) / (b + celsius) + log(humidity/100);
  double Td = (b * temp) / (a - temp);
  return Td;
}


# include < DHT11.h> // 添加头文件
dht11 DHT11;
# define DHT11PIN A0// 定义 DHT11 的引脚为 A0
void setup(){
  Serial.begin(9600);// 初始化波特率为 9600
  Serial.println("DHT11 TEST PROGRAM ");// 输出字符串 DHT11 TEST PROGRAM
  Serial.print("LIBRARY VERSION: ");
  Serial.println(DHT11LIB_VERSION);
  Serial.println();
```

```
}
void loop(){
  Serial.println("\n");
  int chk =  DHT11.read(DHT11PIN);
  Serial.print("Read sensor: ");
  switch (chk) {
    case DHTLIB_OK:
        Serial.println("OK"); break;
    case DHTLIB_ERROR_CHECKSUM:
        Serial.println("Checksum error"); break;
    case DHTLIB_ERROR_TIMEOUT:
        Serial.println("Time out error"); break;
    default:
        Serial.println("Unknown error");break;
  }
  Serial.print("Humidity (% ): ");
  Serial.println((float)DHT11.humidity, 2);
  Serial.print("Temperature (oC): ");
  Serial.println((float)DHT11.temperature, 2);
  Serial.print("Temperature (oF): ");
  Serial.println(Fahrenheit(DHT11.temperature), 2);
  Serial.print("Temperature (K): ");
  Serial.println(Kelvin(DHT11.temperature), 2);
  Serial.print("Dew Point (oC): ");
  Serial.println(dewPoint(DHT11.temperature, DHT11.humidity));
  Serial.print("Dew PointFast (oC): ");
  Serial.println(dewPointFast(DHT11.temperature, DHT11.humidity));
  delay(2000);// 延迟 2000 ms
}
```

实验内容二

编写程序,使 DHT11 数字温湿度传感器的数值显示到 OLED 屏上;使用锂电池给 Mehran 控制板供电,将整个系统带到室外测量实时温湿度。

五、思考题

1. 说明 DHT11 数字温湿度传感器的组成元件及应用场合。

2. 进行 DHT11 数字温湿度传感器实验时需要注意什么?

DHT11 数字温湿度传感器实验报告

实验日期：_____年_____月_____日

班级：_____　姓名：_____　指导教师：_____　成绩：_____

一、实验目的

二、完成实验内容二代码(可另附页)

三、思考题讨论

四、心得体会

实验七　HC-SR04 超声波测距模块实验

一、实验目的

1. 能够复述超声波模块的性能特点、工作原理及组成情况。
2. 结合实验设备使用超声波模块进行测距实验。

二、实验设备和工具

HC-SR04 超声波测距模块、连接线、Mehran 控制板、BigFish 扩展板、miniUSB 数据线、7.4 V 锂电池。

三、实验设备说明及原理

1. HC-SR04 超声波测距模块

HC-SR04 超声波测距模块可提供 2～400 cm 的非接触式距离感测功能,测距精度可高达 3 mm;模块包括超声波发射器、接收器与控制电路,具体参数如表 7-1 所示。

表 7-1　HC-SR04 超声波测距模块参数表

参数	描述
工作电压	DC 5 V
工作电流	15 mA
工作频率	40 kHz
最远射程	4 m
最近射程	2 cm
测量角度	15°
输入触发信号	10 μs 的 TTL 脉冲
输出回响信号	输出 TTL 电平信号,与射程成比例

2. 计算公式

距离(cm)＝时间间隔(μs)/58,或距离(in)＝时间间隔(μs)/148;建议测量周期为 60 ms 以上,以防止发射信号对回响信号的影响。

3. 工作原理

(1)采用 I/O 口 TRIG 触发测距,给最少 10 μs 的高电平信号。

(2)模块自动发送 8 个 40 kHz 的方波,自动检测是否有信号返回。

(3)有信号返回,通过 I/O 口 ECHO 输出一个高电平,高电平持续的时间就是波从发射到返回的时间。测试距离＝高电平时间×声速/2,其中声速取 340 m/s。

4. 超声波测距模块时序图(见图 7-1)

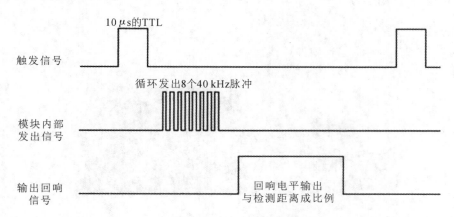

图 7-1　超声波测距模块时序图

以上时序图表明只需要提供一个 10 μs 以上的脉冲触发信号,该模块内部将发出 8 个 40kHz 周期电平并检测回波。一旦检测到有回波信号则输出回响信号。回响信号的脉冲宽度与所测的距离成正比。由此通过发射信号到收到的回响信号时间间隔可以计算出距离。

5. HC-SR04 超声波测距模块电气原理图(见图 7-2)

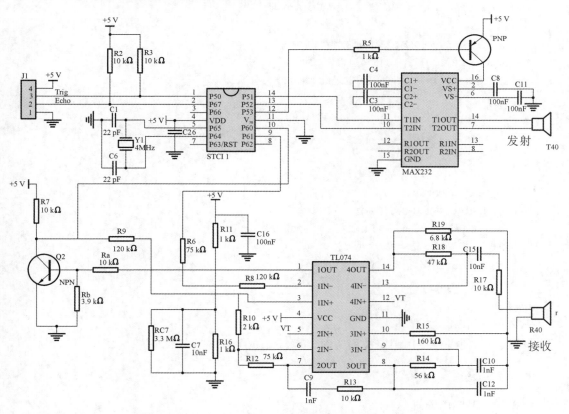

图 7-2　超声波测距模块电气原理图

四、实验内容和步骤

实验内容一

步骤一:如图 7-3 所示进行硬件连接。

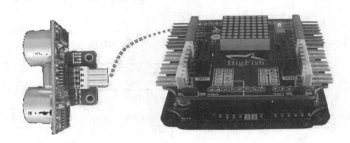

图 7-3　硬件连接示意图

步骤二:将编写好的程序烧录到控制板中,运行 Serial Monitor,查看超声波测距模块测得的距离值。

本实验示例程序源代码如下:

```
# define ECHOPIN A0 // 宏定义 A0 引脚为 ECHO 端
# define TRIGPIN A1 // 宏定义 A1 引脚为 TRIG 端
void setup() {
    Serial.begin(9600); // 初始化波特率为 9600
    pinMode(ECHOPIN, INPUT); // 初始化 ECHO 端
    pinMode(TRIGPIN, OUTPUT); // 初始化 TRIG 端
}
void loop() {
    digitalWrite(TRIGPIN, LOW);
    delayMicroseconds(2);
    digitalWrite(TRIGPIN, HIGH);
    delayMicroseconds(10);
    digitalWrite(TRIGPIN, LOW);
    float distance = pulseIn(ECHOPIN, HIGH);
    distance= distance/58; // 代入公式,输出单位为 cm
    Serial.println(distance); // 输出距离
    delay(500);
}
```

实验内容二

编写程序,使得在使用超声波测距时,每测量 10 次给出距离平均值。

五、思考题

1. 超声波测距的原理是什么?

2. 超声波测距在日常生产生活中起了什么作用?

HC-SR04 超声波测距模块实验报告

实验日期：_____年_____月_____日

班级：_____　姓名：_____　指导教师：_____　成绩：_____

一、实验目的

二、完成实验内容二代码(可另附页)

三、思考题讨论

四、心得体会

实验八　TCS3200 颜色识别传感器实验

一、实验目的

1. 能够复述颜色识别传感器的性能。
2. 结合实验设备使用颜色识别传感器进行颜色识别。

二、实验设备和工具

TCS3200 颜色识别传感器、连接线 3 条、Mehran 控制板、BigFish 扩展板、miniUSB 数据线。

三、实验设备说明及原理

我们通常所看到的物体颜色,实际上是物体表面吸收了照射到它上面的白光(日光)中的一部分有色成分,而在人眼中反射出另一部分有色光。白色是由各种频率的可见光混合在一起构成的,也就是说白光中包含着各种颜色(如红 R、黄 Y、绿 G、青 V、蓝 B、紫 P)的色光。根据德国物理学家赫姆霍兹(Helinholtz)的三原色理论可知,各种颜色是由不同比例的三原色(红 R、绿 G、蓝 B)混合而成的。

由上面的三原色感应原理可知,如果知道构成各种颜色的三原色的比值,就能够知道所测试物体的颜色。对于 TCS3200 来说,当选定一个颜色滤波器时,它只允许某种特定的原色通过,阻止其他原色通过。例如:当选择红色滤波器时,入射光中只有红色可以通过,蓝色和绿色都被阻止,这样就可以得到红色光的光强;同理,选择其他的滤波器,就可以得到蓝色光和绿色光的光强。通过这三个光强值,就可以分析出反射到 TCS3200 传感器上的光的颜色。

1. TCS3200 颜色识别传感器

TCS3200 颜色识别传感器是一款全彩的颜色检测器,包括了一块 TAOS TCS3200RGB 感应芯片和 4 个白光 LED 灯,TCS3200 颜色识别传感器能在一定的范围内检测和测量几乎所有的可见光。TCS3200 颜色传感器有大量的光检测器,每个光检测器都有红、绿、蓝和清除 4 种滤波器。颜色滤波器均匀地按数组分布来清除颜色中偏移位置的颜色分量。内置的振荡器能输出方波,其频率与所选择的光的强度成比例关系。TCS3200 具体参数如表 8-1 所示。

表 8-1　TCS3200 传感器参数表

参数	描述
工作电压	2.7～5.5 V
接口	TTL 数字接口

2. 工作原理

TCS3200 颜色识别传感器可以通过其引脚 S2 和 S3 的高低电平来选择滤波器模式,如表

8-2 所示。

表 8-2　滤波器电平表

S2	S3	颜色类别
LOW	LOW	红
LOW	HIGH	蓝
HIGH	LOW	清除,无脉冲
HIGH	HIGH	绿

TCS3200 颜色识别传感器有可编程的彩色光到电信号频率的转换器,当被测物体反射光的红、绿、蓝三色光线分别透过相应滤波器到达 TAOS TCS3200RGB 感应芯片时,其内置的振荡器会输出方波,方波频率与所感应的光强成比例关系,光线越强,内置的振荡器方波频率越高。TCS3200 颜色识别传感器有一个 OUT 引脚,其输出信号的频率与内置振荡器的频率也成比例关系,它们的比例因子可以靠其引脚 S0 和 S1 的高低电平来选择,如表 8-3 所示。

表 8-3　比例因子电平表

S0	S1	输出频率
LOW	LOW	不上电
LOW	HIGH	2%
HIGH	LOW	20%
HIGH	HIGH	100%

3. 通过白平衡得到比例因子

有了输出频率比例因子,再如何通过 OUT 引脚输出信号频率来换算被测物体由三原色光组成的 RGB 颜色值呢? 这需要进行白平衡校正来得到 RGB 比例因子。

白平衡校正方法:把一个白色物体放置在 TCS3200 颜色识别传感器之下,两者相距 10 mm 左右,点亮传感器上的 4 个白光 LED 灯,用 Mehran 控制器的定时器设置一固定时间 1 s,然后选通三原色的滤波器,让被测物体反射光中的红、绿、蓝光分别通过滤波器,计算 1 s 时间内红、绿、蓝光对应的 TCS3200 颜色识别传感器 OUT 输出信号脉冲数(单位时间的脉冲数包含了输出信号的频率信息),再通过正比算式得到白色物体 RGB 值 255 与三色光脉冲数的比例因子。有了白平衡校正得到的 RGB 比例因子,则其他颜色物体反射光中红、绿、蓝光对应的 TCS3200 颜色识别传感器输出信号 1 s 内的脉冲数乘以 RGB 比例因子,就可换算被测物体的 RGB 标准值了。

4. 注意事项

每次使用前,或使用过程中环境光发生变化了,都需要重新进行白平衡校正。

5. TCS3200 颜色识别传感器电气原理图(见图 8-1)

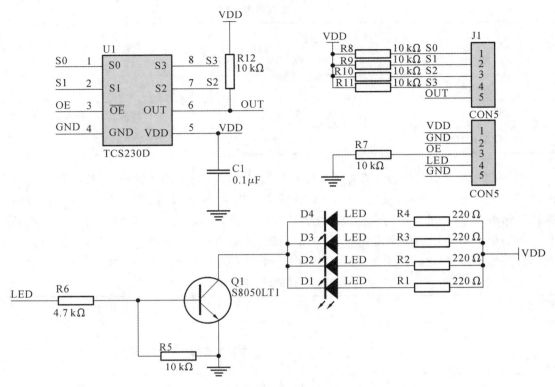

图 8-1　TCS3200 颜色识别传感器电气原理图

四、实验内容和步骤

实验内容一

步骤一:按照图 8-2 所示进行硬件连接。

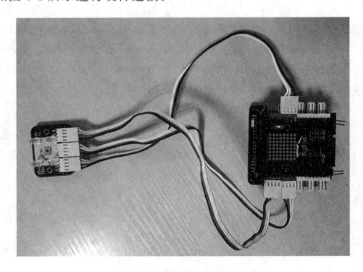

图 8-2　硬件连接示意图

步骤二：将编写好的程序烧录到控制板中。将颜色识别传感器贴近白色色卡，运行 Serial Monitor，查看颜色识别传感器得出的颜色值，如图 8-3 所示。

图 8-3　比例因子图

将得到的比例因子赋值给代码中的 g_SF[0]、g_SF[1]、g_SF[2]。

步骤三：更改完代码后重新烧录程序，放上另一个黄色物体，在 ArduinoIDE 串口监视器看到这个黄色物体的 RGB 值为 233、157、56，如图 8-4 所示。

图 8-4　黄色物体 RGB 值

步骤四:打开电脑 Windows 操作系统自带的画图板,点击菜单栏中的颜色并输入 RGB 值,查看对应的颜色与实际测试的颜色是否相符。实际测试结果是测得的物体颜色与实际颜色有些偏差,但可以识别出被测物体是哪种颜色的物体。

本实验示例程序源代码如下:

```
# include < TimerOne.h> //添加头文件(确认程序)
# define S0    A0    //物体表面的反射光强,TCS3200 的内置振荡器产生的方波频率越高
# define S1    A1    //S0 和 S1 的组合决定输出信号频率比例因子,比例因子为 2%,比例因子为
                      TCS3200 传感器 OUT 引脚输出信号频率与其内置振荡器频率之比
# define S2    A2    //S2 和 S3 的组合决定让红、绿、蓝哪种光线通过滤波器
# define S3    0
# define OUT   2    //TCS3200 颜色识别传感器输出信号输入到 Arduino 中断 0 引脚,并引发脉冲信
                      号中断,在中断函数中记录 TCS3200 输出信号的脉冲个数
# define LED   A3    //控制 TCS3200 颜色识别传感器是否点亮
int   g_count = 0;    //计算与反射光强相对应的 TCS3200 颜色识别传感器输出信号的脉冲数,1 s
                      内 TCS3200 输出信号的脉冲数,它乘以 RGB 比例因子就是 RGB 标准值
int   g_array[3];
int   g_flag = 0;    //滤波器模式选择顺序标志
float g_SF[3];        //存储从 TCS3200 输出信号的脉冲数转换为 RGB 标准值的 RGB 比例因子

// 初始化 TSC3200 各控制引脚的输入/输出模式,设置 TCS3200 的内置振荡器方波频率与其输出信号
频率的比例因子为 2%
void TSC_Init() {
  pinMode(S0, OUTPUT);
  pinMode(S1, OUTPUT);
  pinMode(S2, OUTPUT);
  pinMode(S3, OUTPUT);
  pinMode(OUT, INPUT);
  pinMode(LED, OUTPUT);
  digitalWrite(S0, LOW);
  digitalWrite(S1, HIGH);
}
//选择滤波器模式,决定让红、绿、蓝哪种光线通过滤波器
void TSC_FilterColor(int Level01, int Level02) {
  if(Level01 ! =  0)
    Level01 =  HIGH;
  if(Level02 ! =  0)
    Level02 =  HIGH;
  digitalWrite(S2, Level01);
  digitalWrite(S3, Level02);
}
//中断函数,计算 TCS3200 输出信号的脉冲数
void TSC_Count() {
  g_count ++;
```

```
}
```

// 定时器中断函数,每 1 s 中断后,把该时间内的红、绿、蓝三种光线通过滤波器时,TCS3200 输出信号
　脉冲个数分别存储到数组 g_array[3]的相应元素变量中

```
void TSC_Callback() {
    switch(g_flag) {
        case 0:
            Serial.println("- > WB Start");
            TSC_WB(LOW, LOW);            //选择让红色光线通过滤波器的模式
            break;
        case 1:
            Serial.print("- > Frequency R= ");
            Serial.println(g_count);  //打印 1 s 内红光通过滤波器时,TCS3200 输出的脉冲个数
            g_array[0] = g_count;   //存储 1 s 内红光通过滤波器时,TCS3200 输出的脉冲个数
            TSC_WB(HIGH, HIGH);   //选择让绿色光线通过滤波器的模式
            break;
        case 2:
            Serial.print("- > Frequency G= ");
            Serial.println(g_count);   //打印 1 s 内绿光通过滤波器时,TCS3200 输出的脉冲个数
            g_array[1] = g_count;     //存储 1 s 内绿光通过滤波器时,TCS3200 输出的脉冲个数
            TSC_WB(LOW, HIGH);      //选择让蓝色光线通过滤波器的模式
            break;
        case 3:
            Serial.print("- > Frequency B= ");
            Serial.println(g_count);   //打印 1 s 内蓝光通过滤波器时,TCS3200 输出的脉冲个数
            Serial.println("- > WB End");
            g_array[2] = g_count;    //存储 1 s 内蓝光通过滤波器时,TCS3200 输出的脉冲个数
            TSC_WB(HIGH, LOW);       //选择无滤波器的模式
            break;
        default:
            g_count = 0;    //计数值清零
            break;
    }
}
```

// 设置反射光中红、绿、蓝三色光分别通过滤波器时如何处理数据的标志,该函数被 TSC_Callback( )
调用

```
void TSC_WB(int Level0, int Level1) {
    g_count = 0;   //计数值清零
    g_flag ++ ;   //输出信号计数标志
    TSC_FilterColor(Level0, Level1); //滤波器模式
    Timer1.setPeriod(1000000);       //设置输出信号脉冲计数时长为 1 s
}
```

// 初始化

```
void setup() {
    TSC_Init();
```

```
Serial.begin(9600);  // 启动串行通信
Timer1.initialize();  // defaulte is 1 s
Timer1.attachInterrupt(TSC_Callback);  // 设置定时器 1 的中断,中断调用函数为 TSC_Call-
                                        back()
// 设置 TCS3200 输出信号的上跳沿触发中断,中断调用函数为 TSC_Count()
attachInterrupt(0, TSC_Count, RISING);
digitalWrite(LED, HIGH);  // 点亮 LED 灯
delay(4000);  // 延时 4 s,以等待被测物体红、绿、蓝三色在 1 s 内的 TCS3200 输出信号脉冲计数
// 通过白平衡测试,计算得到白色物体 RGB 值 255 与 1 s 内三色光脉冲数的 RGB 比例因子
g_SF[0] = 255.0/ g_array[0];    // 红色光比例因子
g_SF[1] = 255.0/ g_array[1];    // 绿色光比例因子
g_SF[2] = 255.0/ g_array[2];    // 蓝色光比例因子
// 打印白平衡后的红、绿、蓝三色的 RGB 比例因子
Serial.println(g_SF[0],5);
Serial.println(g_SF[1],5);
Serial.println(g_SF[2],5);
// 红、绿、蓝三色光对应的 1 s 内 TCS3200 输出脉冲数乘以相应的比例因子就是 RGB 标准值,打印被
   测物体的 RGB 值
for(int i= 0; i< 3; i++ )
   Serial.println(int(g_array[i] *  g_SF[i]));
}
// 主程序
void loop() {
  g_flag = 0;
  // 每获得一次被测物体 RGB 颜色值需耗时 4 s
  delay(4000);
  // 打印出被测物体的 RGB 值
  for(int i= 0; i< 3; i++ )
    Serial.println(int(g_array[i] *  g_SF[i]));
 }
```

实验内容二

1. 编写程序,将颜色的中文名称显示出来。
2. 编写程序,任选其他需测量的颜色,将测量值与标准值进行比较。

五、思考题

1. 简述颜色识别传感器的工作原理及应用场合。
2. 在使用颜色识别传感器过程中需要注意什么?

TCS3200 颜色识别传感器实验报告

实验日期：_____ 年 _____ 月 _____ 日
班级：_____　姓名：_____　指导教师：_____　成绩：_____

一、实验目的

二、完成实验内容二代码(可另附页)

三、思考题讨论

四、心得体会

实验九 红外编码器实验

一、实验目的

1. 能够复述红外编码器的性能。
2. 能够实现红外编码器的安装和使用。

二、实验设备和工具

红外编码器、摇杆模块、直流电动机、连接线、Mehran 控制板、BigFish 扩展板、miniUSB 数据线。

三、实验设备说明及原理

1. 红外编码器

红外编码器采用槽型对射光电开关，在非透明物体中通过槽型对射光电开关即可触发红外编码器（配合小车码盘使用），同时输出 5 V TTL 电平。红外编码器采用施密特触发器去除抖动脉冲，性能非常稳定，其具体参数如表 9-1 所示。

表 9-1 红外编码器参数表

参数	描述
工作电压	DC 3.3～5.5 V（最佳电压为 5 V）
工作电流	7～17 mA
工作温度	−10～50 ℃
安装螺钉规格	M3 螺钉
对管宽度	10 mm

2. 工作原理

模块中的红外对管一边是发射管一边是接收管。模块工作时，发射管不断发出红外光。当没有障碍物挡住红外发射管发送给接收管的信号时，接收管接收到信号，模块输出低电平，指示灯不亮；当有障碍物挡住红外发射管发送给接收管的信号时，接收管接收不到信号，模块输出高电平，指示灯亮。即输出信号：TTL 电平（可直接连接单片机 I/O 口，有障碍物时，指示灯亮，输出高电平；无障碍物时，指示灯不亮，输出低电平）。

3. 红外编码器电气原理图(见图 9-1)

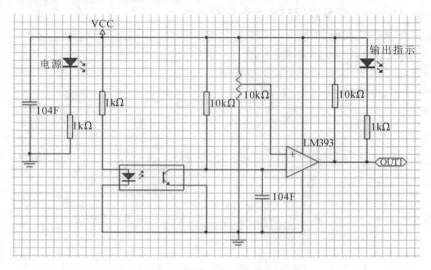

图 9-1　红外编码器电气原理图

四、实验内容和步骤

实验内容一

步骤一：将红外编码器安装在直流电动机上，如图 9-2 所示。

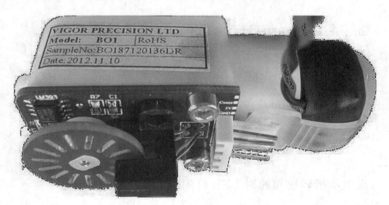

图 9-2　硬件连接示意图(1)

步骤二：如图 9-3 所示进行硬件连接。

图 9-3　硬件连接示意图(2)

步骤三:将编写好的程序烧录到 Mehran 控制板,使用摇杆模块调整直流电动机运转的速度,打开 Serial Monitor,观察数据随速度变化的关系。

本实验示例程序源代码如下:

```
# include < MsTimer2.h> // 添加头文件
int coutpin =  A0; // 定义 coutpin 为 A0 引脚
unsigned long duration;
boolean flag= false;
int i= 0;
int j= 0;
void setup() {
    pinMode(coutpin, INPUT);
    Serial.begin(9600);
    MsTimer2::set(1, flash); // 调用 MsTimer 库,每 500 ms 为一个周期
    MsTimer2::start();
}
void loop() {
    analogWrite(9,map(analogRead(A4),511,1023,0,255)); // 配置模拟信号输出到 9 号引脚,并且
                                                         通过读取 A4 引脚数字信号设置占
                                                         空比

    if(! digitalRead(coutpin)) i++ ;
    if(i> 1) {
        i= 0;
        if(j> 20) Serial.println(j); // 输出 j
        j= 0;
    }
}
void flash() {
    j++ ;
}
```

实验内容二

编写代码,实现电动机转速超速时 LED 灯闪烁或电动机停止工作。

五、思考题

1.简述红外编码器的作用和功能。

2.简述红外编码器的工作原理及应用场景。

红外编码器实验报告

实验日期：＿＿＿＿＿＿＿＿年＿＿＿＿月＿＿＿＿日

班级：＿＿＿＿＿＿＿　姓名：＿＿＿＿＿＿＿　指导教师：＿＿＿＿＿＿＿　成绩：＿＿＿＿＿

一、实验目的

二、完成实验内容二代码(可另附页)

三、思考题讨论

四、心得体会

实验十　串口通信实验

一、实验目的

1. 能够复述异步收发传输器（UART）的通信原理。
2. 能够结合实验设备，编程实现 BigFish 扩展板上的 UART 通信功能。

二、实验设备和工具

BASRA 控制板、USB 数据线、BigFish 扩展板。

三、实验设备说明及原理

异步收发传输器（universal asynchronous receiver/transmitter）通常称作 UART。同步通信是指发送方发出数据后，等接收方发回响应以后才发下一个数据包的通信方式；异步通信是指发送方发出数据后，不等接收方发回响应，接着发送下个数据包的通信方式。换句话说，同步通信是阻塞方式，异步通信是非阻塞方式。在常见通信总线协议中，I2C、SPI 属于同步通信，而 UART 属于异步通信。同步通信的通信双方必须先建立同步，即双方的时钟要调整到同一个频率，收发双方不停地发送和接收连续的同步比特流。在异步通信中，发送端可以在任意时刻发送字符，所以，在 UART 通信中，数据起始位和停止位是必不可少的。

四、实验内容和步骤

实验内容一

按照图 2-2 的硬件连接示意图完成硬件连接，执行程序，并观察相应的结果。

本实验示例程序源代码如下：

```
/*
Serial Event 示例
当新的串行数据到达时，将数据添加到字符串中。
当接收到换行符时，循环打印字符串并清除它。
*/
String inputString = "";            // 保存传入数据的字符串
boolean stringComplete = false;     // 字符串是否完整


void setup() {
```

```
   // 初始化序列:
   Serial.begin(9600);
   // 为输入字符串保留 200 字节:
   inputString.reserve(200);
}
void loop() {
   // 当换行符到达时打印字符串:
   if (stringComplete) {
   Serial.println(inputString);
   // 清除字符串:
   inputString = "";
   stringComplete = false;
   }
}
/*
```

每当有新数据进入硬件串口 RX 时,就会发生 Serial Event。此示例程序在每次 time loop()间运行,因此在循环内使用 delay 会延迟响应。

可能有多个字节的数据可用。

```
*/
void serialEvent() {
   while (Serial.available()) {
     // 获取新字节:
     char inChar = (char)Serial.read();
     // 将其添加到输入字符串中:
     inputString += inChar;
     // 如果输入字符是换行符,则设置标志,所以主循环可以做一些事情:
     if (inChar == '\n') {
         stringComplete = true;
     }
   }
}
```

在 Tools 中打开 Serial Monitor,在对话框下侧依次选择发送模式 Newline 以及波特率 9600 baud,在对话框上侧输入"Basra for arduino"后回车(见图 10-1),将文本发送到 BASRA 控制板;控制板收到文本后,将内容发回给上位机,并显示在中间的文本框中。

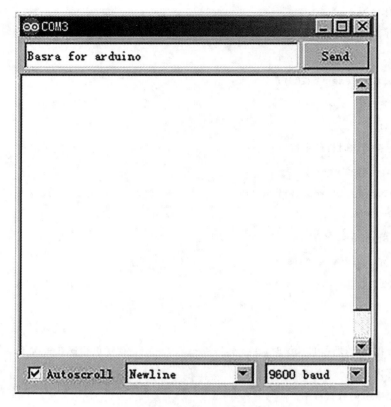

图 10-1　上位机显示示意图

实验内容二

编写程序,实现用串口工具输入一组数,在 AVR(高速嵌入式)单片机中进行排序后将结果返回到串口工具中显示。

五、思考题

该实验最大可以实现多少字符的通信功能?

串口通信实验报告

实验日期：_____年_____月_____日
班级：_____　姓名：_____　指导教师：_____　成绩：_____

一、实验目的

二、完成实验内容二的排序部分代码

三、思考题讨论

四、心得体会

实验十一 无线通信实验

一、实验目的

1. 掌握利用 nRF 芯片进行无线数据传输的方法。
2. 编程实现：多通道控制遥控的运载无线终端，使各个运载单元能独立运行。

二、实验设备及自备工具

nRF24L01 模块 2 个、BASRA 控制板 2 个（两个小组配合）、BigFish 扩展板 2 个、USB 数据线 2 条、上位机终端 2 台、触碰控制器 2 个、四芯输出线 2 条。

三、实验设备说明及原理

(1)nRF24L01 是由 Nordic 公司生产的工作在 2.4～2.5 GHz 的 ISM(工业的、科学的、医学的)频段的单片无线收发器芯片。无线收发器包括：频率发生器、增强型"SchockBurst"模式控制器、功率放大器、晶体振荡器、调制器和解调器。输出功率频道选择和协议可以通过 SPI 接口进行设置。无线收发器几乎可以连接各种单片机芯片，并完成无线数据传送工作。

(2)极低的电流消耗：无线收发器工作在发射模式下，发射功率为 0 dBm 时，电流消耗为 11.3 mA；工作在接收模式下，电流消耗为 12.3 mA；掉电模式和待机模式下，电流消耗更低。具体参数如表 11-1 所示。

表 11-1 通信模块参数表

参数	描述
电压工作范围	1.9～3.6 V
输入引脚电压	可承受 5 V 电压输入
工作温度范围	−40～80 ℃
工作频率范围	2.400～2.525 GHz
发射功率选择	0 dBm、−6 dBm、−12 dBm 和−18 dBm
数据传输速率	支持 1 Mbps、2 Mbps
接收模式下的工作电流	12.3 mA
0 dBm 功率发射时工作电流	11.3 mA
掉电模式下的工作电流	仅为 900 nA
RF(射频)通道数量	126 个
增强型数据通道数量	6 个
传输数据包大小范围	每次可传输 1～32 Byte 的数据

（3）nRF24L01 模块如图 11-1 所示。

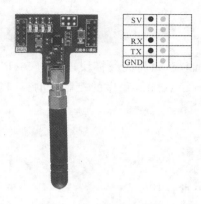

图 11-1　nRF24L01 模块

图 11-2　无线模块装配

四、实验内容和步骤

实验内容一

步骤一：无线模块通道调整。

由于无线模块用到了 BigFish 的 RX、TX 引脚，因此首先需要将示例程序上载到控制板中，然后才可以将无线模块按照图 11-2 所示连接到 BigFish 扩展板上。无线模块的通道数通过模块上的 4 个 LED 灯组合成的二进制码表示，共 16 个通道。模块还需要外接一个触碰传感器以便于无线模块通道的调节，具体为传感器每触发一次，无线模块通道数加 1。注意：不同小组采用不同的通信频道。

无线模块通道调整示例代码如下：

```
int sensor[4]= {A0,A2,A4,A3};

void setup() {
  Serial.begin(9600);
  for(int i= 0;i< 4;i++ )
        pinMode(sensor[i],INPUT);
}

void loop() {
    if(SensorTrigger(0))
        Serial.println('# ');
    delay(100);
}

boolean SensorTrigger( int which ) {
  boolean where =  false;
  if( ! digitalRead( sensor[ which ] ) ) {
     delay( 100 );
     if( ! digitalRead( sensor[ which ] ) ) where =  true;
```

```
    }
    return( where );
  }
```

步骤二:无线模块通信实验。

先将示例程序 send. ino 和 receive. ino 下载到控制板,再将无线模块连接到 BigFish 扩展板上面,依次打开接收端、发送端。就可以在下载了 receive. ino 程序的控制板的 LED 点阵上面显示发送的字符串。

无线通信示例程序如下。

示例程序 receive. ino:

```
# include "LedControl.h"
LedControl lc= LedControl(12,11,13,1); // config 8* 8 LED
String inputString =  "";
boolean stringComplete =  false;

void setup() {
  Serial.begin(9600);
  inputString.reserve(200);

  pinMode(9,OUTPUT);
  pinMode(10,OUTPUT);
  pinMode(5,OUTPUT);
  pinMode(6,OUTPUT);

  LedInit();
}

void loop() {
  if (stringComplete)
      string_deal();
}

void string_deal() {
  Serial.println(inputString);
  int len =  inputString.length()- 1;
  char buf[len];
  inputString.toUpperCase();
  inputString.toCharArray(buf, len);
  for(int i= 0; i< len- 1; i++ ){
      LedLetter(buf[i]);
      delay(1000);
  }
  inputString =  "";
  stringComplete =  false;
```

```
}
```

示例程序 send. ino：

```
void setup() {
  Serial.begin(9600);
}
void loop() {
  Serial.println("123456789");
}
```

实验内容二

　　请观察并修改代码，使 LED 点阵上出现不同的字符，同时在发射端的 LED 上显示所发送的字符。

五、思考题

　　1. 示例程序中哪些语句可以设置无线传输的内容？
　　2. 修改代码使 LED 点阵上出现不同的字符。

无线通信实验报告

实验日期：＿＿＿＿＿＿＿年＿＿＿＿月＿＿＿＿日

班级：＿＿＿＿＿＿＿　姓名：＿＿＿＿＿＿＿　指导教师：＿＿＿＿＿＿＿　成绩：＿＿＿＿＿

一、实验目的

二、思考题讨论

三、心得体会

实验十二　蓝牙数据采集与通信实验

一、实验目的

1. 掌握蓝牙模块的工作原理。
2. 掌握主机和从机的配置方法。
3. 实现安卓蓝牙功能与控制板蓝牙间的通信。

二、实验设备和工具

蓝牙模块、Mehran 控制板、BigFish 扩展板、miniUSB 数据线、安卓手机。

三、实验设备说明及原理

1. 蓝牙通信

蓝牙通信是一种短距离无线通信技术，使用 2.4 GHz 频段进行数据传输。在蓝牙通信中，设备通过建立连接并交换数据来实现通信功能，蓝牙模块电路图如图 12-1 所示。

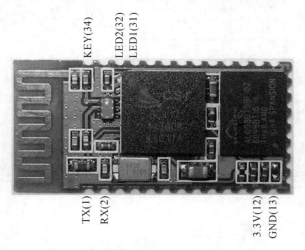

图 12-1　蓝牙模块电路图

2. 蓝牙模块参数表（见表 12-1）

表 12-1　蓝牙模块参数

特性/参数	描　　述
无线收发	可以发送和接收无线信号
灵敏度（误码率）	−80 dBm，表示产品在接收微弱信号时具有很高的准确性
功率可调输出	−4～6 dBm，可以根据需要进行调整
内置天线	2.4 GHz，不需要额外安装或调试天线

特性/参数	描　　述
外置 FLASH	8 Mbit,用于存储程序或数据
工作电压	3.3 V,低电压工作,节省能源或减小设备尺寸
标准 HCI 端口	UART 或 USB,通过标准接口进行通信
USB 协议	Full Speed USB 1.1,Compliant With 2.0,与 USB 1.1 和 2.0 协议兼容
CSR BC04 蓝牙芯片技术	使用 CSR 的蓝牙芯片技术
自适应跳频技术	抗干扰技术,自动调整频率以避免干扰
外围设计电路	简单的设计,与主要芯片或模块连接的辅助电路和组件
蓝牙 Class 2 功率级别	符合蓝牙 Class 2 的功率级别标准
存储温度	−40 ℃~85 ℃,工作温度:−25 ℃~75 ℃,宽温度范围内正常工作或存储
协波干扰	2.4 MHz,发射功率 3 dBm,在 2.4 MHz 频段内工作时会产生一定的协波干扰,但发射功率较低

3. 蓝牙模块电气原理图(见图 12-2)

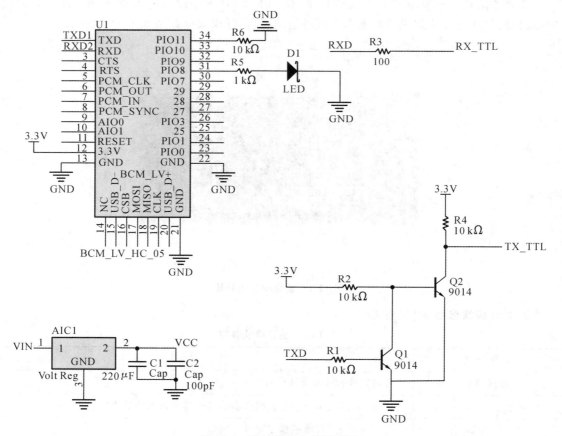

图 12-2　蓝牙模块电气原理图

四、实验内容和步骤

实验内容一

步骤一：将蓝牙模块安装在 BigFish 扩展板上，并将扩展板插到控制板上，硬件连接示意图如图 12-3 所示。

图 12-3　硬件连接示意图

步骤二：编写好程序并烧录到主板内。

本实验示例程序源代码如下：

```
int _ABVAR_1_Data_of_bluetooth = 0 ;

void setup() {
  Serial.begin(9600);
}

void loop() {
  _ABVAR_1_Data_of_bluetooth = Serial.parseInt();
  if ((( _ABVAR_1_Data_of_bluetooth ) > ( 0 ))) {
    if ((( _ABVAR_1_Data_of_bluetooth ) == ( 1 ))) {
      Serial.print("I receive:1");
      Serial.println();
    }
    if ((( _ABVAR_1_Data_of_bluetooth ) == ( 2 ))) {
      Serial.print("I receive:2");
      Serial.println();
    }
  } else {
    delay( 10 );
  }
}
```

步骤三：在安卓手机上操作如下步骤。

1. 安装蓝牙串口 APP

将"蓝牙串口.apk"安装到手机里。

2.设置蓝牙串口助手

打开蓝牙串口助手(见图 12-4(a)),打开该软件后,会看到设备 HC-05,等待扫描结束后,点击搜索到的设备 HC-05(见图 12-4(b)),初次连接需输入密码 1234 进行配对。

(a)　　　　　　　　　　　　　　(b)

图 12-4　蓝牙连接图

3.配对

配对成功后,出现如图 12-5 所示界面,然后在三种操作模式选项中选择键盘模式。

图 12-5　模式选择图

4.配置键盘值

点击右上角按钮,然后点击"配置键盘值",如图 12-6 所示。

图 12-6　配置键盘值

5.编辑需要的命令

如图 12-7(a)所示,此时点击界面中的任意一个"点我"按钮,就可以编辑自己需要的命令了。我们可以设置一个"发送 1"的命令,其步骤为:首先点击界面中的任意一个"点我",接着将"点我"删除,然后输入"发送 1",最后在"按下发送值"这个文本框中添加"1"就完成了该命令的设置;同理设置"发送 2",如图 12-7(b)所示。

图 12-7　设置对应图

6.发送效果(见图 12-8)

7.完成命令的设置(见图 12-9)

图 12-8 发送效果图

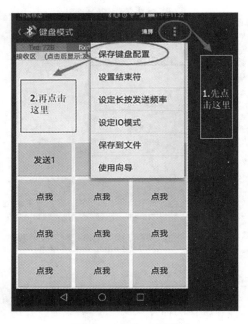

图 12-9 保存配置图

8.完成键盘模式配置

配置完成后,我们点击手机 APP 上的"发送 1",在手机上就会接收到"I receive:1";如果点击"发送 2",在手机上就会接收到"I receive:2"。具体效果如图 12-10 所示。

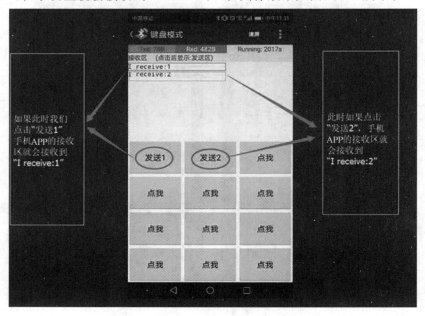

图 12-10 实验结果图

实验内容二

将手机中的按钮设置为"温度"，点击之后手机 APP 接收区接收到"当前温度值"。

五、思考题

1. 蓝牙串口通信在生活中的应用场景有哪些？

2. 错误的连接为什么会导致模块损坏？

蓝牙数据采集与通信实验报告

实验日期：_____年_____月_____日

班级：_____　姓名：_____　指导教师：_____　成绩：_____

一、实验目的

二、完成实验内容二代码(可另附页)

三、思考题讨论

四、心得体会

实验十三　Wi-Fi 无线网络通信实验

一、实验目的

1. 掌握 Wi-Fi 视频服务器的配置。

2. 配置一台 Wi-Fi 视频服务器，能在 PC 或手机端实时查看安装在视频服务器上的摄像头所拍摄的图像。

二、实验设备和工具

USB 摄像头、"探索者"无线路由器、miniUSB 数据线。

三、实验设备说明及原理

无线网络通信是利用电波信号可以在自由空间中传播的特性进行信息交换的一种通信方式。在移动中实现的无线通信又通称为移动通信。简单来讲，无线通信是仅利用电磁波而不通过线缆进行的通信方式，"探索者"无线路由器的详细参数如表 13-1 所示，内部电路图如图 13-1 所示。

表 13-1　"探索者"无线路由器参数

参数	描述
CPU 型号	Atheros 9331
CPU 频率	400 MHz
内存容量	64 MB
闪存容量	16 MB
网络接口	1 个 Wan、1 个 LAN、1 个 USB2.0、1 个 Micro USB(Power)接口
LED 指示灯	Wireless、Wan、Lan 指示灯
协议标准	IEEE802.11n/g/b、IEEE802.3、IEEE802.3u
无线开关键功能	支持，每按一次切换 Wi-Fi 开关(on/off)，按住 8 s 恢复出厂设置。拨动功能可自定义
天线类型	内置智能全向天线
PC 应用支持	web 访问，支持 Chrome/Safari/Firefox/IE8～IE10 浏览器
手机 APP 支持	Android、iOS 系统
DDNS 域名特性	内置独立域名，永久免费
USB 外接存储格式支持	FAT32/EXFAT/EXT4/ETX3/EXT2/NTFS，推荐 EXT4、NTFS。若使用 USB 硬盘，建议硬盘独立供电
USB 外接摄像头特性	USB 接口(免驱动)，支持 MJPG 或 YUV 格式

参数	描述
软件在线更新特性	支持一键刷机,自动更新
DIY 特性	自带 Uboot;UART 串口;预留 4 个 GPIO 接口,3.3 V、5 V 电源接口
电源规格	5 V/1 A micro USB
产品尺寸	58 mm×58 mm×25 mm

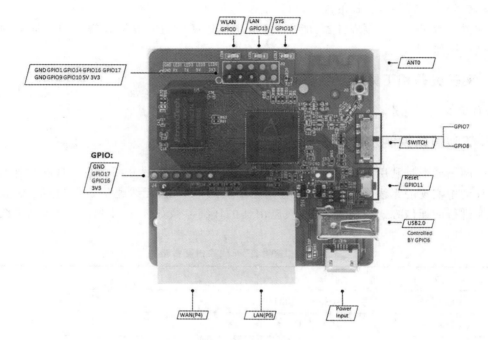

图 13-1　"探索者"无线路由器内部电路图

四、实验内容(PC 端视频监控)和步骤

步骤一:硬件连接示意图,如图 13-2 所示完成硬件连接。

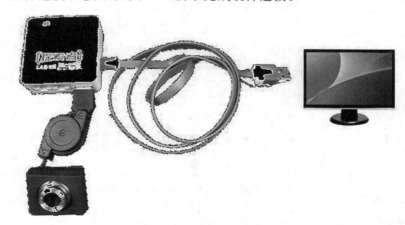

图 13-2　硬件连接示意图

步骤二：USB 摄像头连接到无线路由器的标准 USB 接口，通过 miniUSB 线将无线路由器与 PC 连接，电源接通后，无线路由器顶端的指示灯绿灯亮起，路由器开始启动。稍等约 30 s，待指示灯开始红绿间断闪动时，表示启动完毕。

步骤三：此时，搜索无线网络连接，可以找到名称为：GL-iNET-f66 的 SSID。点击连接后，输入无线密码：goodlife。若连接失败，请将无线网卡的 IP 设为自动获取。在浏览器中输入：192.168.8.1，出现登录界面。在密码区中输入密码：12345678。

步骤四：在监控页面，即可看到摄像头传输的画面，由于摄像头数据非加密，设置完成后我们在浏览器地址栏中输入 IP＋端口号（192.168.8.1:8083，中间冒号需要在英文状态下输入）即可访问摄像头，浏览器建议使用火狐、谷歌浏览器，浏览器设置如图 13-3 所示。

图 13-3　浏览器设置

步骤五：浏览器地址输入 IP＋端口号并访问，显示效果如图 13-4 所示。

图 13-4　浏览器显示效果

五、思考题

1.影响 Wi-Fi 无线网络传输速度的原因有哪些？

2.简述 Wi-Fi 视频播放器的优缺点。

Wi-Fi 无线网络通信实验报告

实验日期：_____年_____月_____日

班级：_____　姓名：_____　指导教师：_____　成绩：_____

一、实验目的

二、思考题讨论

三、心得体会

实验十四　RFID 基础实验

一、实验目的

1. 了解并掌握 RFID(射频识别)的基本概念和原理。
2. 熟练掌握 RFID 应用设计,识别单标签号,读取标签数据。

二、实验设备和工具

RC522 模块、杜邦线数条、miniUSB 数据线、BigFish 扩展板、Mehran 控制板。

三、实验设备说明及原理

无线射频识别技术是通过无线电波进行非接触快速信息交换和存储的技术。无线通信结合数据访问技术,然后连接数据库系统,实现非接触式的双向通信,从而达到识别的目的。在识别系统中,电子标签的读写与通信通过电磁波实现。根据通信距离,RFID 可分为近场和远场通信,为此读/写设备和电子标签之间的数据交换方式也对应地被分为负载调制和反向散射调制。

读写器通过发射天线发送特定频率的射频信号,当电子标签进入射频信号所处的工作区域时,会产生感应电流,从而获得能量、激活电子标签,然后电子标签会将自身编号信息通过内置射频天线发送出去。读写器的接收天线接收到从标签发送来的调制信号,经天线调节器传送到读写器信号处理模块,解调和解码后的有效信息被送至后台主机系统进行相关的处理。主机系统根据逻辑运算识别该标签的身份,针对不同的设定作出相应的处理和控制,最终发出指令信号控制读写器完成相应的读写操作。

本次实验使用的 RC522 RFID 模块采用 Philips MFRC522 原装芯片设计读卡电路,使用方便,成本低廉,适用于设备开发、读卡器开发的用户、需要进行射频卡终端设计/生产的用户。本模块可直接装入各种读卡器模具。模块采用 3.3 V 电压,通过 SPI 接口就可以直接与任意CPU 主板连接,可以保证模块稳定可靠地工作且读卡距离远。该模块的详细参数如表 14-1所示,其电气原理图如图 14-1 所示。

表 14-1　RC522 模块参数

参数名称	描述
工作电流	13~26 mA/直流电压 3.3 V
空闲电流	10~13 mA/直流电压 3.3 V
休眠电流	<80 μA
峰值电流	<30 mA
工作频率	13.56 MHz
支持的卡类型	Mifare1 S50、Mifare1 S70、Mifare Ultralight、Mifare Pro、Mifare Desfire
产品物理特性	尺寸为 40 mm×60 mm
工作温度	−20~80 ℃
储存温度	−40~85 ℃
环境相对湿度	5%~95%

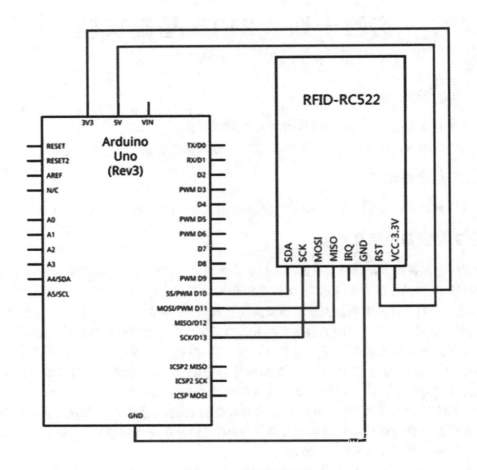

图 14-1　RC522 模块电气原理图

四、实验内容和步骤

　　步骤一：如图 14-2 所示，使用杜邦线将 RC522 模块与 BigFish 扩展板上的相应端口连接起来。

Arduino UNO	RFID
10	SDA
13	SCK
11	MOSI
12	MISO
GND	GND
5 V	RST
3V3	VCC

图 14-2　RC522 模块与 BigFish 扩展板接线对应图

步骤二：将编程好的程序烧录到控制板中，打开 Serial Monitor，将射频卡贴近 RFID 模块，观察读取的射频卡信息。

本实验示例程序源代码如下：

```
//数组最大长度
# define MAX_LEN 16


//MF522 命令字
# define PCD_IDLE          0x00          //NO action;取消当前命令
# define PCD_AUTHENT       0x0E          //验证密钥
# define PCD_RECEIVE       0x08          //接收数据
# define PCD_TRANSMIT      0x04          //发送数据
# define PCD_TRANSCEIVE    0x0C          //发送并接收数据
# define PCD_RESETPHASE    0x0F          //复位
# define PCD_CALCCRC       0x03          //CRC 计算


//Mifare_One 卡片命令字
# define PICC_REQIDL       0x26          //寻天线区内未进入休眠状态
# define PICC_REQALL       0x52          //寻天线区内全部卡
# define PICC_ANTICOLL     0x93          //防冲撞
# define PICC_SELECTTAG    0x93          //选卡
# define PICC_AUTHENT1A    0x60          //验证 A 密钥
# define PICC_AUTHENT1B    0x61          //验证 B 密钥
# define PICC_READ         0x30          //读块
# define PICC_WRITE        0xA0          //写块
# define PICC_DECREMENT    0xC0
# define PICC_INCREMENT    0xC1
# define PICC_RESTORE      0xC2          //调块数据到缓冲区
# define PICC_TRANSFER     0xB0          //保存缓冲区中的数据
# define PICC_HALT         0x50          //休眠


//和 MF522 通信时返回的错误代码
# define MI_OK             0
# define MI_NOTAGERR       1
# define MI_ERR            2


//- - - - - - - - - - - - - - - - - - - MFRC522 寄存器- - - - - - - - - - - - - - -
//Page 0:Command and Status
# define      Reserved00      0x00
# define      CommandReg      0x01
# define      CommIEnReg      0x02
# define      DivlEnReg       0x03
# define      CommIrqReg      0x04
```

```
# define        DivIrqReg            0x05
# define        ErrorReg             0x06
# define        Status1Reg           0x07
# define        Status2Reg           0x08
# define        FIFODataReg          0x09
# define        FIFOLevelReg         0x0A
# define        WaterLevelReg        0x0B
# define        ControlReg           0x0C
# define        BitFramingReg        0x0D
# define        CollReg              0x0E
# define        Reserved01           0x0F
// Page 1:Command
# define        Reserved10           0x10
# define        ModeReg              0x11
# define        TxModeReg            0x12
# define        RxModeReg            0x13
# define        TxControlReg         0x14
# define        TxAutoReg            0x15
# define        TxSelReg             0x16
# define        RxSelReg             0x17
# define        RxThresholdReg       0x18
# define        DemodReg             0x19
# define        Reserved11           0x1A
# define        Reserved12           0x1B
# define        MifareReg            0x1C
# define        Reserved13           0x1D
# define        Reserved14           0x1E
# define        SerialSpeedReg       0x1F
// Page 2:CFG
# define        Reserved20           0x20
# define        CRCResultRegM        0x21
# define        CRCResultRegL        0x22
# define        Reserved21           0x23
# define        ModWidthReg          0x24
# define        Reserved22           0x25
# define        RFCfgReg             0x26
# define        GsNReg               0x27
# define        CWGsPReg             0x28
# define        ModGsPReg            0x29
# define        TModeReg             0x2A
# define        TPrescalerReg        0x2B
# define        TReloadRegH          0x2C
# define        TReloadRegL          0x2D
# define        TCounterValueRegH    0x2E
```

```
# define        TCounterValueRegL        0x2F
// Page 3:TestRegister
# define        Reserved30               0x30
# define        TestSel1Reg              0x31
# define        TestSel2Reg              0x32
# define        TestPinEnReg             0x33
# define        TestPinValueReg          0x34
# define        TestBusReg               0x35
# define        AutoTestReg              0x36
# define        VersionReg               0x37
# define        AnalogTestReg            0x38
# define        TestDAC1Reg              0x39
# define        TestDAC2Reg              0x3A
# define        TestADCReg               0x3B
# define        Reserved31               0x3C
# define        Reserved32               0x3D
# define        Reserved33               0x3E
# define        Reserved34               0x3F
// - - - - - - - - - - - - - - - - - - - - - - - - - - - - - - - - - - - - - -

// 卡序列号有 4 字节,第 5 字节为校验字节
uchar serNum[5];
uchar  writeDate[16] = {'T', 'e', 'n', 'g', ' ', 'B', 'o', 0, 0, 0, 0, 0, 0, 0, 0,0};
// 扇区 A 密码,16 个扇区,每个扇区密码 6Byte
uchar sectorKeyA[16][16] =  {{0xFF, 0xFF, 0xFF, 0xFF, 0xFF, 0xFF},
                             {0xFF, 0xFF, 0xFF, 0xFF, 0xFF, 0xFF},
                             {0xFF, 0xFF, 0xFF, 0xFF, 0xFF, 0xFF},
                            };
uchar sectorNewKeyA[16][16] =  {{0xFF, 0xFF, 0xFF, 0xFF, 0xFF, 0xFF},
                                {0xFF, 0xFF, 0xFF, 0xFF, 0xFF, 0xFF, 0xff, 0x07, 0x80,
                                0x69, 0xFF, 0xFF, 0xFF, 0xFF, 0xFF, 0xFF},
                                {0xFF, 0xFF, 0xFF, 0xFF, 0xFF, 0xFF, 0xff, 0x07, 0x80,
                                0x69, 0xFF, 0xFF, 0xFF, 0xFF, 0xFF, 0xFF},
                               };

unsigned long getSN(){
  uchar i,tmp;
  uchar status;
  uchar str[MAX_LEN];
  uchar RC_size;
  uchar blockAddr;// 选择操作的块地址 0~63
  unsigned long SN;
  SN = 0;
  // 寻卡,返回卡类型
```

```
  status = MFRC522_Request(PICC_REQIDL, str);
    if (status == MI_OK) {

    }

  //防冲撞,返回卡序列号
  status = MFRC522_Anticoll(str);
  memcpy(serNum, str, 5);
  if (status == MI_OK) {
          for (int i = 0; i < 4; i++ )
              SN = SN | ((unsigned long)(serNum[i]) << (i * 8));
  }

  MFRC522_Halt();//命令卡片进入休眠状态
  return (SN);
}



/*
  * 函 数 名:Write_MFRC5200
  * 功能描述:向 MFRC522 的某一寄存器写一个字节数据
  * 输入参数:addr—寄存器地址;val—要写入的值
  * 返 回 值:无
  */
void Write_MFRC522(uchar addr, uchar val) {
  digitalWrite(chipSelectPin, LOW);

  //地址格式:0XXXXXX0
  SPI.transfer((addr<< 1)&0x7E);
  SPI.transfer(val);

  digitalWrite(chipSelectPin, HIGH);
}



/*
  * 函 数 名:Read_MFRC522
  * 功能描述:从 MFRC522 的某一寄存器读一个字节数据
  * 输入参数:addr—寄存器地址
  * 返 回 值:返回读取到的一个字节数据
  */
uchar Read_MFRC522(uchar addr) {
  uchar val;

  digitalWrite(chipSelectPin, LOW);
```

```
// 地址格式:1XXXXXX0
SPI.transfer(((addr<< 1)&0x7E) | 0x80);
val = SPI.transfer(0x00);


digitalWrite(chipSelectPin, HIGH);


return val;
}

/*
 *  函 数 名:SetBitMask
 *  功能描述:置 RC522 寄存器位
 *  输入参数:reg—寄存器地址;mask—置位值
 *  返 回 值:无
 */
void SetBitMask(uchar reg, uchar mask) {
    uchar tmp;
    tmp = Read_MFRC522(reg);
    Write_MFRC522(reg, tmp | mask);   // set bit mask
}



/*
 *  函 数 名:ClearBitMask
 *  功能描述:清 RC522 寄存器位
 *  输入参数:reg—寄存器地址;mask—清位值
 *  返 回 值:无
 */
void ClearBitMask(uchar reg, uchar mask) {
    uchar tmp;
    tmp = Read_MFRC522(reg);
    Write_MFRC522(reg, tmp & (~ mask));   // clear bit mask
}



/*
 *  函 数 名:AntennaOn
 *  功能描述:开启天线,每次启动或关闭天线发射之间应至少有 1 ms 的间隔
 *  输入参数:无
 *  返 回 值:无
 */
void AntennaOn(void) {
    uchar temp;
```

```
    temp =  Read_MFRC522(TxControlReg);
    if (! (temp & 0x03))
      SetBitMask(TxControlReg, 0x03);
}



/*
  *  函 数 名:AntennaOff
  *  功能描述:关闭天线,每次启动或关闭天线发射之间应至少有1 ms的间隔
  *  输入参数:无
  *  返 回 值:无
  */
void AntennaOff(void) {
  ClearBitMask(TxControlReg, 0x03);
}



/*
  *  函 数 名:ResetMFRC522
  *  功能描述:复位 RC522
  *  输入参数:无
  *  返 回 值:无
  */
void MFRC522_Reset(void) {
    Write_MFRC522(CommandReg, PCD_RESETPHASE);
}



/*
  *  函 数 名:InitMFRC522
  *  功能描述:初始化 RC522
  *  输入参数:无
  *  返 回 值:无
  */
void MFRC522_Init(void) {
  pinMode(chipSelectPin,OUTPUT);        // Set digital pin 10 as OUTPUT to connect it to
                                        //  the RFID /ENABLE pin

  digitalWrite(chipSelectPin, LOW);     // Activate the RFID reader
  pinMode(NRSTPD,OUTPUT);               // Set digital pin 10 , Not Reset and Power-down
  digitalWrite(NRSTPD, HIGH);
  digitalWrite(NRSTPD,HIGH);

  MFRC522_Reset();
```

```
// Timer: TPrescaler* TreloadVal/6.78MHz = 24ms
Write_MFRC522(TModeReg, 0x8D);              // Tauto= 1; f(Timer) = 6.78MHz/TPreScaler
Write_MFRC522(TPrescalerReg, 0x3E);         // TModeReg[3..0] + TPrescalerReg
Write_MFRC522(TReloadRegL, 30);
Write_MFRC522(TReloadRegH, 0);

Write_MFRC522(TxAutoReg, 0x40);             // 100%ASK
Write_MFRC522(ModeReg, 0x3D);               // CRC初始值 0x6363

ClearBitMask(Status2Reg, 0x08);             // MFCrypto1On= 0
Write_MFRC522(RxSelReg, 0x86);              // RxWait = RxSelReg[5..0]
Write_MFRC522(RFCfgReg, 0x7F);              // RxGain = 48dB

AntennaOn();        // 打开天线
}



/*
 *  函 数 名:MFRC522_Request
 *  功能描述:寻卡,读取卡类型号
 *  输入参数:reqMode—寻卡方式
 *  TagType—返回卡片类型
 *  0x4400 = Mifare_UltraLight
 *  0x0400 = Mifare_One(S50)
 *  0x0200 = Mifare_One(S70)
 *  0x0800 = Mifare_Pro(X)
 *  0x4403 = Mifare_DESFire
 *  返 回 值:成功返回 MI_OK
 */
uchar MFRC522_Request(uchar reqMode, uchar * TagType) {
  uchar status;
  uint backBits;            // 接收到的数据位数

  Write_MFRC522(BitFramingReg, 0x07);               // TxLastBists = BitFramingReg[2..0]

  TagType[0] = reqMode;
  status = MFRC522_ToCard(PCD_TRANSCEIVE, TagType, 1, TagType, &backBits);

  if ((status != MI_OK) || (backBits != 0x10))
    status = MI_ERR;

  return status;
}
```

```
/*
 *  函 数 名:MFRC522_ToCard
 *  功能描述:RC522 和 ISO14443 卡通信
 *  输入参数:command—MF522 命令字
 *  sendData—通过 RC522 发送到卡片的数据
 *  sendLen—发送的数据长度
 *  backData—接收到的卡片返回数据
 *  backLen—返回数据的位长度
 *  返 回 值:成功返回 MI_OK
 */
uchar MFRC522_ToCard(uchar command, uchar * sendData, uchar sendLen,
                     uchar * backData, uint * backLen) {
    uchar status = MI_ERR;
    uchar irqEn = 0x00;
    uchar waitIRq = 0x00;
    uchar lastBits;
    uchar n;
    uint i;

    switch (command) {
      case PCD_AUTHENT:           //认证卡密码
        irqEn = 0x12;
        waitIRq = 0x10;
        break;
      case PCD_TRANSCEIVE:        //发送 FIFO 中的数据
        irqEn = 0x77;
        waitIRq = 0x30;
        break;
      default:
        break;
    }

    Write_MFRC522(CommIEnReg, irqEn|0x80);      //允许中断请求
    ClearBitMask(CommIrqReg, 0x80);             //清除所有中断请求位
    SetBitMask(FIFOLevelReg, 0x80);             //FlushBuffer= 1, FIFO 初始化

    Write_MFRC522(CommandReg, PCD_IDLE);        //NO action;取消当前命令

    //向 FIFO 中写入数据
    for (i= 0; i< sendLen; i++ )
      Write_MFRC522(FIFODataReg, sendData[i]);
```

```
// 执行命令
Write_MFRC522(CommandReg, command);
if (command ==  PCD_TRANSCEIVE)
   SetBitMask(BitFramingReg, 0x80);          // StartSend= 1,transmission of data starts

// 等待接收数据完成
i =  2000;// i 根据时钟频率调整，操作 M1 卡最大等待时间 25 ms
do {
      // CommIrqReg[7..0]
      // Set1 TxIRq RxIRq IdleIRq HiAlerIRq LoAlertIRq ErrIRq TimerIRq
        n =  Read_MFRC522(CommIrqReg);
        i-- ;
} while ((i! = 0) && ! (n&0x01) && ! (n&waitIRq));

ClearBitMask(BitFramingReg, 0x80);          // StartSend= 0

if (i != 0) {
    if (! (Read_MFRC522(ErrorReg) & 0x1B)) {  // BufferOvfl Collerr CRCErr ProtecolErr
        status =  MI_OK;
        if (n & irqEn & 0x01)
            status =  MI_NOTAGERR;
        if (command ==  PCD_TRANSCEIVE) {
            n =  Read_MFRC522(FIFOLevelReg);
            lastBits =  Read_MFRC522(ControlReg) & 0x07;
             if (lastBits)
                * backLen =  (n- 1)* 8 + lastBits;
             else
                * backLen =  n* 8;

             if (n ==  0)
                 n =  1;
             if (n >  MAX_LEN)
                 n =  MAX_LEN;

            // 读取 FIFO 中接收到的数据
                for (i= 0; i< n; i++ )
                    backData[i] =  Read_MFRC522(FIFODataReg);
          }
    } else {
       status =  MI_ERR;
      }


  }
```

```
//SetBitMask(ControlReg,0x80);                    //timer stops
//Write_MFRC522(CommandReg, PCD_IDLE);

    return status;
}


/*
 *  函 数 名:MFRC522_Anticoll
 *  功能描述:防冲突检测,读取选中卡片的卡序列号
 *  输入参数:serNum—返回 4 字节的卡序列号,第 5 字节为校验字节
 *  返 回 值:成功返回 MI_OK
 */
uchar MFRC522_Anticoll(uchar * serNum) {
    uchar status;
    uchar i;
    uchar serNumCheck= 0;
    uint unLen;



    //ClearBitMask(Status2Reg, 0x08);           //TempSensclear
    //ClearBitMask(CollReg,0x80);               //ValuesAfterColl
    Write_MFRC522(BitFramingReg, 0x00);              //TxLastBists = BitFramingReg[2..0]

    serNum[0] =  PICC_ANTICOLL;
    serNum[1] =  0x20;
    status = MFRC522_ToCard(PCD_TRANSCEIVE, serNum, 2, serNum, &unLen);

    if (status ==  MI_OK) {
      //校验卡序列号
      for (i= 0; i< 4; i++ )
          serNumCheck ^=  serNum[i];
      if (serNumCheck != serNum[i])
          status =  MI_ERR;
    }

    //SetBitMask(CollReg, 0x80);//ValuesAfterColl= 1

    return status;
}



/*
 *  函 数 名:CalulateCRC
```

```
    *  功能描述:用 MFRC522 计算 CRC
    *  输入参数:pIndata—要读取 CRC 的数据;len—数据长度;pOutData—计算的 CRC 结果
    *  返 回 值:无
    */
void CalulateCRC(uchar * pIndata, uchar len, uchar * pOutData) {
    uchar i, n;

    ClearBitMask(DivIrqReg, 0x04);           // CRCIrq =  0
    SetBitMask(FIFOLevelReg, 0x80);              // 清 FIFO 指针
    // Write_MFRC522(CommandReg, PCD_IDLE);

    // 向 FIFO 中写入数据
    for (i= 0; i< len; i++ )
        Write_MFRC522(FIFODataReg, * (pIndata+ i));
    Write_MFRC522(CommandReg, PCD_CALCCRC);

    // 等待 CRC 计算完成
    i =  0xFF;
    do {
        n =  Read_MFRC522(DivIrqReg);
        i-- ;
    } while ((i! = 0) && ! (n&0x04)); // CRCIrq =  1

    // 读取 CRC 计算结果
    pOutData[0] =  Read_MFRC522(CRCResultRegL);
    pOutData[1] =  Read_MFRC522(CRCResultRegM);
}


/*
    *  函 数 名:MFRC522_SelectTag
    *  功能描述:选卡,读取卡存储器容量
    *  输入参数:serNum—传入卡序列号
    *  返 回 值:成功返回卡容量
    */
uchar MFRC522_SelectTag(uchar * serNum) {
    uchar i;
    uchar status;
    uchar size;
    uint recvBits;
    uchar buffer[9];

    // ClearBitMask(Status2Reg, 0x08); // MFCrypto1On= 0
```

```
    buffer[0] = PICC_SELECTTAG;
    buffer[1] = 0x70;
    for (i= 0; i< 5; i++ )
        buffer[i+ 2] = * (serNum+ i);
    CalulateCRC(buffer, 7, &buffer[7]);
    status = MFRC522_ToCard(PCD_TRANSCEIVE, buffer, 9, buffer, &recvBits);

    if ((status == MI_OK) && (recvBits == 0x18))
      size = buffer[0];
    else
      size = 0;
    }


    return size;
}



/*
    * 函 数 名:MFRC522_Auth
    * 功能描述:验证卡片密码
    * 输入参数:authMode—密码验证模式
                0x60 = 验证 A 密钥
                0x61 = 验证 B 密钥
            BlockAddr—块地址
            Sectorkey—扇区密码
            serNum—卡序列号,4 字节
    * 返 回 值:成功返回 MI_OK
    */
uchar MFRC522_Auth(uchar authMode, uchar BlockAddr, uchar * Sectorkey,
                uchar * serNum) {
    uchar status;
    uint recvBits;
    uchar i;
    uchar buff[12];

    //验证指令+ 块地址+扇区密码+卡序列号
    buff[0] = authMode;
    buff[1] = BlockAddr;
    for (i= 0; i< 6; i++ )
        buff[i+ 2] = * (Sectorkey+ i);
    for (i= 0; i< 4; i++ )
        buff[i+ 8] = * (serNum+ i);
    status = MFRC522_ToCard(PCD_AUTHENT, buff, 12, buff, &recvBits);
```

```
    if ((status ! =  MI_OK) || (! (Read_MFRC522(Status2Reg) & 0x08)))
        status =  MI_ERR;

    return status;
}


/*
  * 函 数 名:MFRC522_Read
  * 功能描述:读块数据
  * 输入参数:blockAddr—块地址;recvData—读出的块数据
  * 返 回 值:成功返回 MI_OK
  */
uchar MFRC522_Read(uchar blockAddr, uchar * recvData)
{
  uchar status;
  uint unLen;

  recvData[0] =  PICC_READ;
  recvData[1] =  blockAddr;
  CalulateCRC(recvData,2, &recvData[2]);
  status =  MFRC522_ToCard(PCD_TRANSCEIVE, recvData, 4, recvData, &unLen);

  if ((status != MI_OK) || (unLen != 0x90))
      status =  MI_ERR;

  return status;
}


/*
  * 函 数 名:MFRC522_Write
  * 功能描述:写块数据
  * 输入参数:blockAddr—块地址;writeData—向块写 16 字节数据
  * 返 回 值:成功返回 MI_OK
  */
uchar MFRC522_Write(uchar blockAddr, uchar * writeData) {
    uchar status;
    uint recvBits;
    uchar i;
    uchar buff[18];

    buff[0] =  PICC_WRITE;
    buff[1] =  blockAddr;
```

```
        CalulateCRC(buff, 2, &buff[2]);
        status = MFRC522_ToCard(PCD_TRANSCEIVE, buff, 4, buff, &recvBits);

        if ((status != MI_OK) || (recvBits != 4) || ((buff[0] & 0x0F) != 0x0A))
            status = MI_ERR;

        if (status == MI_OK) {
            for (i= 0; i< 16; i++ )              //向 FIFO 写 16Byte 数据
                buff[i] =* (writeData+ i);
            CalulateCRC(buff, 16, &buff[16]);
            status = MFRC522_ToCard(PCD_TRANSCEIVE, buff, 18, buff, &recvBits);

            if ((status != MI_OK) || (recvBits != 4) || ((buff[0] & 0x0F) != 0x0A))
                status = MI_ERR;
        }

        return status;
    }


/*
 * 函 数 名:MFRC522_Halt
 * 功能描述:命令卡片进入休眠状态
 * 输入参数:无
 * 返 回 值:无
 */
void MFRC522_Halt(void) {
    uchar status;
    uint unLen;
    uchar buff[4];

    buff[0] = PICC_HALT;
    buff[1] = 0;
    CalulateCRC(buff, 2, &buff[2]);

    status = MFRC522_ToCard(PCD_TRANSCEIVE, buff, 4, buff,&unLen);
}
```

五、思考题

1.简述 RFID 模块的作用及原理。

2.列举 RFID 模块在生活中的应用。

3.IC、ID、CUID、M1 这几种卡的区别是什么？学校里的校园一卡通属于哪种模式的卡？

RFID 基础实验报告

实验日期：_____年_____月_____日

班级：_____ 姓名：_____ 指导教师：_____ 成绩：_____

一、实验目的

二、思考题讨论

三、心得体会

实验十五　ZigBee 基础实验

一、实验目的

1. 理解并掌握 ZigBee 的基本概念和配置的基本方法。
2. 熟练使用 ZigBee 无线传输数据。

二、实验设备和工具

ZigBee 模块、BASRA 控制板、BigFish2.0 扩展板、miniUSB 数据线。

三、实验设备说明及原理

ZigBee 译为"紫蜂"，它与蓝牙相类似，是一种新兴的短距离无线通信技术，用于传感控制应用（sensor and control）。由 IEEE 802.15 工作组提出，并由其 TG4 工作组制定规范。Zig-Bee 无线通信技术是基于蜜蜂相互间联系的方式而研发生成的一项应用于互联网通信的网络技术。相较于传统网络通信技术，ZigBee 无线通信技术表现出更为高效、便捷的特征。作为一项近距离、低成本、低功耗的无线网络技术，ZigBee 无线通信技术其关于组网、安全及应用软件方面的技术是基于 IEEE 批准的 802.15.4 无线标准。该项技术适用于数据流量偏小的业务，可便捷地在一系列固定式、便携式移动终端中进行安装，与此同时，ZigBee 无线通信技术还可实现 GPS 功能。

本次实验使用的 ZM516X 系列 ZigBee 无线模块是广州致远电子有限公司基于 NX-PJN516X 系列芯片开发的低功耗、高性能型 ZigBee 模块，它提供一个完整的基于 IEEE802.15.4 标准 ISM（2.4～2.5GHz）频段的应用集成方案。ZM516X 系列 ZigBee 模块，将完整的射频收发电路集成在一个模块上，将无线通信产品复杂的通信协议内嵌在内置的 MCU 中，具体参数如表 15-1 所示。

表 15-1　ZigBee 模块参数

参数	最小值	典型值	最大值	单位
供电电压	3.6	5.0	5.5	V
频率	2.405		2.480	GHz
接收灵敏度		−98	−100	dBm
发送功率	5.5	7		dBm
链路预算		105		dBm
工作带宽		5.0		MHz
无限输出速率		250	1000	Kbps
频率误差范围	−96.2		96.2	kHz

四、实验内容

步骤一：将 ZigBee 模块插在 BigFish 扩展板上，硬件连接示意图如图 15-1 所示。

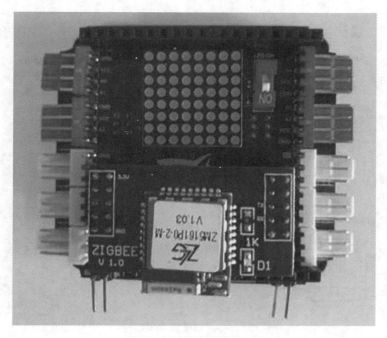

图 15-1　硬件连接示意图

步骤二：配置通信参数。

在文件夹中找到"ZigBeeCfg_V1.70.exe"安装并打开，软件安装界面如图 15-2 所示。

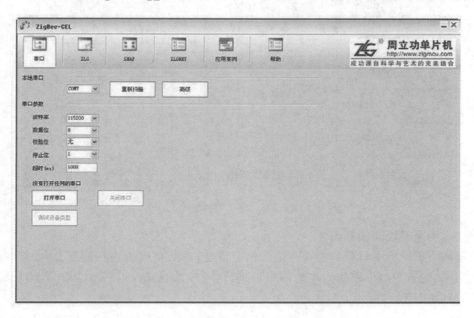

图 15-2　软件安装界面

步骤三：使用 ZigBeeCfg 配置工具，获取模块目前的固件类型，确认模块固件是否为 "FastZigBee"设备，如果出现无法识别，请卸下 ZigBee 模块用 arduino 下载空程序后再进行配置，此时可能依然无法识别，再点击一次获取固件类型即可，获取固件类型如图 15-3 所示。

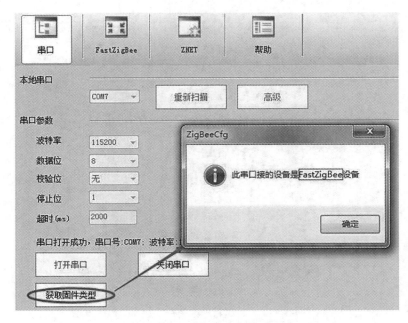

图 15-3　获取固件类型

步骤四：如果是"FastZigbee"设备，可跳转至"FastZigBee"标签页，确认固件版本是否为 V1.66 以上，可以从配置工具确认固件版本，如图 15-4 所示。

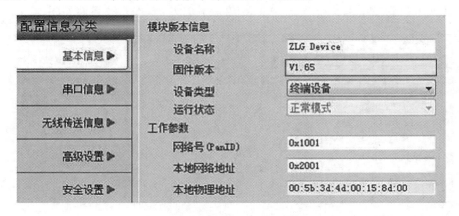

图 15-4　确认固件版本

步骤五：两个模块间相互通信。

(1)把两个模块的串口分别连接在电脑的串口上，对两个模块进行配置，两个模块的目的网络地址分别配置为对方模块的本地网络地址，两个模块的 PANID 和通道号必须设置为一致，配置信息如图 15-5 所示。

(2)配置完成后关闭配置工具，使用串口调试助手打开连接两个模块的串口(IDE 上的 Serial Monitor)。两个模块即可进行发送数据。通信效果图如图 15-6 所示。

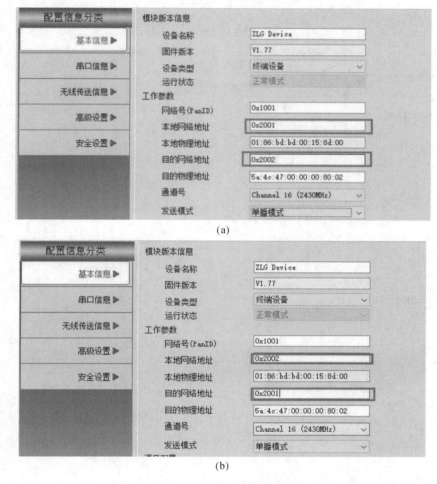

(a)

(b)

图 15-5　两串口配置图

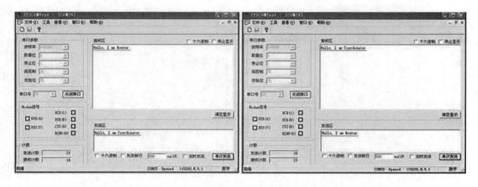

图 15-6　通信效果图

五、思考题

1. 简述 ZigBee 模块的作用及原理。

2. ZigBee 模块的应用场景有哪些？与蓝牙通信的使用条件有什么不同？

ZigBee 基础实验报告

实验日期:_____年_____月_____日

班级:_____ 姓名:_____ 指导教师:_____ 成绩:_____

一、实验目的

二、思考题讨论

三、心得体会

实验十六　直流电动机控制实验

一、实验目的

学习基础的硬件连接及配置编程环境,掌握直流电动机控制程序的编写。

二、实验设备和工具

直流电动机、支架、F325 螺丝、BASRA 控制板、BigFish 扩展板、四芯输出线、miniUSB 数据线。

三、实验设备说明及原理

1. 直流电动机调速原理

直流电动机调速是通过改变电枢电流或者电枢电压来实现的。直流电动机的转速与电枢电流或电压之间呈线性关系,因此调节电枢电流或电压可以实现对转速的调节。直流电动机调速主要有以下几种原理。

(1)电枢电压调节原理:通过调节电枢电压来改变电流,进而控制电动机的转速。这种调速方式常用于对转速变化要求不大的场合。

(2)电枢电流调节原理:通过调节电枢电流来改变电动机的转速。这种方式可以实现较大范围的转速调节,是常用的调速方法。

(3)变极调速原理:通过改变电枢绕组的连接方式,改变电动机极对数,进而改变转速。这种调速方式适用于大型直流电动机。

(4)变阻调速原理:通过改变电枢电路中的外加电阻,改变电枢电压、电流,进而改变电动机的转速。这种方式适用于小功率的直流电动机。

(5)PWM 调速原理:通过脉宽调制技术,控制电枢电流的占空比,从而改变电动机的平均电压,实现对转速的精确控制。这种调速方式适用于对转速要求较高的场合。

直流电动机调速原理主要通过改变电枢电流或电压来实现对转速的调节,具体的调速方式可以根据实际需求选择。

2. 硬件准备

(1)将 BigFish 扩展板安装到 BASRA 主控板上,连上电池打开电源即可使用,BASRA 控制板如图 16-1 所示。

(2)按图 16-2 所示,将某个直流电动机连接到 BigFish 扩展板的直流电动机接口上,并装好直流转动模块(见图 16-3)。

图 16-1　BASRA 控制板

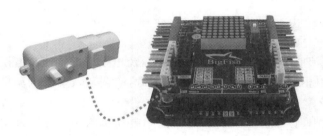

图 16-2　直流电动机连接 BigFish 扩展板

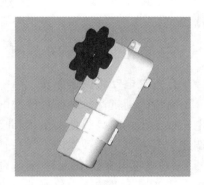

图 16-3　直流转动模块

四、实验内容和步骤

实验内容一

按实验任务的步骤操作,并观察相应的结果。

步骤一:直流电动机转动。

在图形化界面分别拼接程序,并烧录,观察运动结果,图形化编程界面如图 2-6 所示。

当直流电动机连在 D9/D10 针脚(BigFish 下方左侧的直流接口)时,可以将 D9 或 D10 置高来供电。此时,图 2-6 所示程序的写法和图 16-4 程序的写法是等价的。

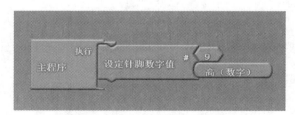

图 16-4　直流电动机转动程序 2

你还会发现,按过"上载到 Arduino"按钮之后,C 语言界面上自动生成了 C 语言代码。

本实验示例程序源代码如下:

程序 1:

```
void setup(){
```

```
    pinMode(9,OUTPUT);
}
void loop(){
    digitalWrite(9,HIGH);
}
```

程序 2：
```
void setup(){
    pinMode(9,OUTPUT);
    pinMode(10,OUTPUT);
}
void loop(){
    digitalWrite(9,HIGH);
    digitalWrite(10,LOW);
}
```

digitalWrite 有两个参数,很容易掌握,请对应图形程序观察、学习。

步骤二：直流电动机调速。

在图形化编程界面 ArduBlock 中编写以下程序（见图 16-5）并烧录。

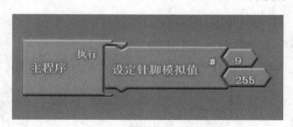

图 16-5　直流电动机调速程序

本实验示例程序源代码如下：
```
void setup(){
    pinMode(9,OUTPUT);
}
void loop(){
    analogWrite(9,255);
}
```

在这种写法下,可以利用 analogWrite 函数,通过改变 PWM 占空比来改变电动机的转动速度。analogWrite 函数通过 PWM 的方式在引脚上输出一个模拟量,较多的应用在 LED 亮度控制、电动机转速控制等方面。analogWrite 有两个参数 pin 和 value,参数 pin 表示所要设置的引脚,只能选择函数支持的引脚;参数 value 表示 PWM 输出的占空比,范围为 0~255,对应的占空比为 0%~100%。

下列示例程序的内容是控制连接在 D9 端口的直流电动机实现调速功能,原理是通过 analogWrite 语句给 D9 赋予不同的电压输出值来实现的。这个示例程序还可以用来控制连接在 D9 端口的 LED 实现一个呼吸灯的效果。

```
int ledPin= 9;          // LED connected to digital pin 9
void setup()   {
    // nothing happens in setup
}
void loop()   {
    // fade in from min to max in increments of 5 points:
    for(int fadeValue= 0;fadeValue<= 255;fadeValue+ = 5){
        // sets the value (range from 0 to 255):
        analogWrite(ledPin,fadeValue);
        // wait for 30 milliseconds to see the dimming effect
        delay(30);
    }
    // fade out from max to min in increments of 5 points:
    for(int fadeValue= 255;fadeValue>= 0;fadeValue-= 5){
        // sets the value (range from 0 to 255):
        analogWrite(ledPin,fadeValue);
        // wait for 30 milliseconds to see the dimming effect
        delay(30);
    }
}
```

实验内容二

采用图形化编程实现电动机调速控制和电动机正反转。

五、思考题

1.请分别更改供电端口号为5、6,观察转动模块的转动情况,以顺时针或逆时针记录。

2.请大家修改 value,观察模块运动的变化情况。注:在实际应用中,由于有负载,当 value 低于某值时,电动机就不工作了,因此 value 不取 0。

直流电动机控制实验报告

实验日期：_____年_____月_____日

班级：_____　姓名：_____　指导教师：_____　成绩：_____

一、实验目的

二、完成实验内容二代码(可另附页)

三、思考题讨论

四、心得体会

实验十七　履带小车的装配与调试实验

一、实验目的

1. 熟悉可拆装式履带的结构特点和组装规律。
2. 能够组装带轮和履带，熟悉履带模块在底盘机构中的应用。
3. 熟悉 PID 控制算法的基本原理。
4. 掌握 PID 算法在履带小车控制中的基本应用方法。
5. 学习在终端上加载物联网模块。
6. 掌握机电综合调试的方法。

二、实验设备和工具

实验器材：履带车小轮总成、履带、支架、电动机、红外编码器、BASRA 控制板、USB 数据线、BigFish 扩展板、Wi-Fi 模块、无线摄像头。

三、实验设备说明及原理

1. PID 协调实验原理

在工程实际中，应用最为广泛的调节器控制规律为比例、积分、微分控制，简称 PID 控制，又称 PID 调节。PID 控制问世至今已有近百年历史，它以其结构简单、稳定性好、工作可靠、调整方便而成为工业控制的主要技术之一。当被控对象的结构和参数不能完全掌握，得不到精确的数学模型时，或控制理论的其他技术难以采用时，系统控制器的结构和参数必须依靠经验和现场调试来确定，这时应用 PID 控制技术最为方便。即当我们不完全了解一个系统和被控对象，或不能通过有效的测量手段来获得系统参数时，最适合用 PID 控制技术。PID 控制，在实际中分为 PI 和 PD 控制。PID 控制器就是根据系统的误差，利用比例、积分、微分计算出控制量进行控制的。

2. 比例控制

比例控制是一种最简单的控制方式。其控制器的输出与输入误差信号成比例关系。当仅有比例控制时系统输出存在稳态误差（steady-state error）。

3. 积分控制

在积分控制中，控制器的输出与输入误差信号的积分成正比关系。对于一个自动控制系统，如果在进入稳态后存在稳态误差，则这个控制系统称为有稳态误差系统或简称有差系统（system with steady-state error）。为了消除稳态误差，在控制器中必须引入积分项。积分项对误差的影响取决于时间的积分，随着时间的增加，积分项会增大。这样，即便误差很小，积分项也会随着时间的增加而增大，它推动控制器的输出增大使稳态误差进一步减小，直到等于零。因此，比例＋积分（PI）控制器，可以使系统在进入稳态后无稳态误差。

4. 微分控制

在微分控制中，控制器的输出与输入误差信号的微分（即误差的变化率）成正比关系。自动控制系统在克服误差的调节过程中可能会出现振荡甚至失稳,其原因是存在较大惯性组件(环节)或滞后(delay)组件,具有抑制误差的作用,导致组件变化总是落后于误差的变化。解决的办法是使抑制误差的作用的变化"超前",即在误差接近零时,抑制误差的作用就应该是零。这就是说,在控制器中仅引入"比例"项往往是不够的,比例项的作用仅是放大误差的幅值,而目前需要增加的是"微分项",它能预测误差变化的趋势,这样,具有比例＋微分的控制器,就能够提前使抑制误差的控制作用等于零,甚至为负值,从而避免了被控量的严重超调。所以对有较大惯性或滞后的被控对象,比例＋微分(PD)控制器能改善系统在调节过程中的动态特性。

5. PID 模型

PID 控制器由比例单元(P)、积分单元(I)和微分单元(D)组成。其输入 $e(t)$ 与输出 $u(t)$ 的关系为

$$u(t) = K_P\big[e(t) + \frac{1}{T_I}\int e(t)\mathrm{d}t + T_D \times \mathrm{d}e(t)/\mathrm{d}t\big]$$

式中:积分的上下限分别是 0 和 t,因此它的传递函数为

$$G(s) = U(s)/E(s) = K_P[1 + 1/(T_I \times s) + T_D \times s]$$

其中: K_P 为比例系数; T_I 为积分时间常数; T_D 为微分时间常数。使用中只需设定三个参数(K_P、T_I 和 T_D)即可。在很多情况下,并不一定需要全部三个单元,可以取其中的一到两个单元,但比例控制单元是必不可少的。给履带小车的直流电动机安装红外编码器,设计 PID 算法,让小车的双轮转速保持一致,使得小车在行进过程中保持直线。

实验示例程序源代码如下:

```
int pin1= A0;
unsigned long duration;
# include < MsTimer2.h>
boolean flag= false;
int i= 0;
int j= 0;
int a= 0;
int rightwheel;
int leftwheel;
void setup(){

    pinMode(pin1,INPUT);

    Serial.begin(9600);
    MsTimer2::set(1,flash);//500ms 内
    MsTimer2::start();
}
void loop(){
    if(! digitalRead(pin1))i++ ;
    if(i> 1){
```

```
        i= 0;

      if(j> 20)
        a= j;
      j= 0;
    }

    leftwheel= 150;
    rightwheel= 150+ a- 200;
    analogWrite(5,rightwheel);

    analogWrite(9,leftwheel);
  }
  void flash(){
    j++ ;
  }
```

四、实验内容和步骤

实验内容一

步骤一:组装履带模块,如图 17-1 所示。

结构说明:履带可以传送转矩到随动轮,让前后两组轮子都能驱动,从而让机械的运动、爬坡、翻越障碍的能力更强。可拆卸的履带片方便使用者调整设计方案,从而构造不同长度和造型的履带。图 17-2 所示履带更像是传送带,对于模型底盘、小型工程机械已经够用了,但是在实际工程中,这样的履带往往需要增加更多的带轮、负重轮或者张紧轮,或者更换履带材质。

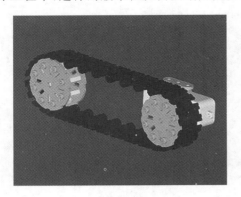

图 17-1　履带模块安装示意图　　　　图 17-2　履带模块实物图

运动特性:转动灵活,摩擦力好,地形适应能力强。

将履带模块安装于一个自制的架子上,通过增加或减少履带片,改变履带的长度,或调节履带履带模块的松紧度。记录松紧度最佳时的履带片数量和带轮的圆心孔距,如图 17-2 所示。

步骤二:组装履带机器人。

(1)尝试控制履带机器人的运动,控制方式和控制一个双轮车是一样的。

（2）调整履带长度，组装一个迷你履带车（见图 17-3），并尝试控制它的运动。

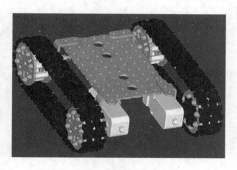

图 17-3　履带机器人结构示意图

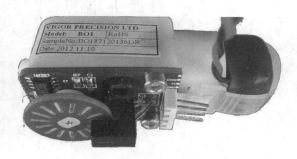

图 17-4　红外编码器

实验内容二：PID 协调实验

安装红外编码器，如图 17-4 所示。

将红外编码器连接在履带小车一侧的直流电动机上，连接好电路，将...\RINO-MRZ02 实验\实验 9-PID 协调实验_9_answer_9_answer_.ino 的程序上传到控制板中。本程序将实现如下功能：右侧履带的速度将会跟随左侧履带的速度，实验中用到了 PD 调节。

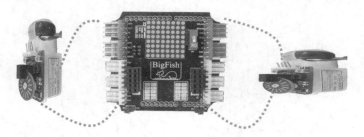

图 17-5　红外编码器连接示意图

实验内容三

思考能否结合遥感模块，利用遥感技术来控制履带轮的转速？

五、思考题

修改程序，使小车两侧履带的速度完全同步。

履带小车的装配与调试实验报告

实验日期：_____年_____月_____日

班级：_____　姓名：_____　指导教师：_____　成绩：_____

一、实验目的

二、完成实验内容二代码（可另附页）

三、思考题讨论

四、心得体会

实验十八　关节模块的组装与控制实验

一、实验目的

1. 熟悉机器人关节模块的结构特点和组装规律。
2. 学会利用小型标准伺服电动机组装关节模块。
3. 熟悉关节模块在机器人结构设计中的应用。
4. 熟悉标准舵机对应的函数，学会控制标准伺服电动机。

二、实验设备和工具

BASRA 控制板、BigFish2.0 扩展板、miniUSB 数据线、舵机、舵机固定支架、关节摇臂。

三、实验设备说明及原理

组装好 BASRA 控制板、BigFish2.0 扩展板后使用 miniUSB 数据线与电脑端口相连，通过 BigFish2.0 扩展板舵机接口端与舵机自带的传输线相连，通过 ArduBlock 模块编写以下程序并烧录，以达到控制关节模块的转角，注意接口引脚号，接口说明图如图 2-1 所示。

四、实验内容和步骤

实验内容一

步骤一：组装一个关节模块。

用螺栓将舵机与舵机固定架连接，将花键孔圆盘与舵机花键连接，如图 18-1 所示。

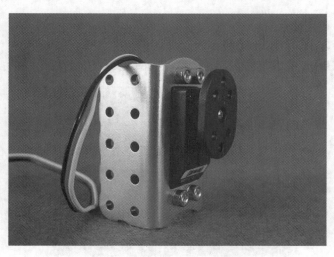

图 18-1　舵机固定示意图

将安装好的固定模块与关节摇臂架（见图 18-2）进行组装。

步骤二：调试舵机。

图 18-2　摇臂架示意图

在图形化编程界面 tools 中的 ArduBlock 中编写图 18-3 所示程序并烧录,观察舵机摇臂的摆动情况。

图 18-3　摇臂控制程序(1)

示例程序源代码如下:

```
# include < Servo.h>
Servo servo_pin_4;
void setup(){
    servo_pin_4.attach(4);
}
void loop(){
    servo_pin_4.write(150);
}
```

同样,在 ArduBlock 中编写图 18-4 所示程序并烧录,观察舵机摇臂的摆动情况。

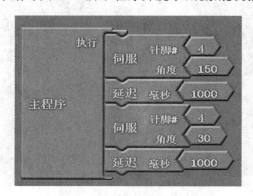

图 18-4　摇臂控制程序(2)

示例程序源代码如下:

```
# include < Servo.h>
```

```
Servo servo_pin_4;
void setup(){
    servo_pin_4.attach(4);
}
void loop(){
    servo_pin_4.write(30);
    delay(1000);
    servo_pin_4.write(150);
    delay(1000);
}
```

再将图 18-5 所示编写程序进行烧录,观察在没有延迟的情况下,舵机的摆动情况。

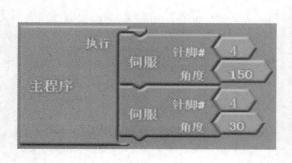
(a)

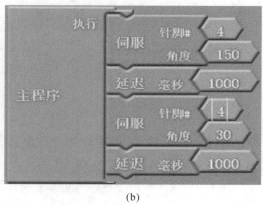
(b)

图 18-5　摇臂控制程序(3)

实验内容二

设计程序,使舵机转动 5 秒,停止 20 秒。

五、思考题

尝试着改动舵机的摆角值在之后的实验以达到一个理想的运动效果,观察舵机的最大转角为多少? 想想为什么同样转角设置下程序 2 和程序 3 所达到的控制效果不同。

关节模块的组装与控制实验报告

实验日期：_____年_____月_____日

班级：_____　姓名：_____　指导教师：_____　成绩：_____

一、实验目的

二、完成实验内容二代码（可另附页）

三、思考题讨论

四、心得体会

实验十九　两个自由度的云台运动实验

一、实验目的

1.熟悉 2 自由度云台的结构特点和组装规律。

2.学会利用关节模块组装串联结构。

3.熟悉标准舵机对应的函数,学会用"for 循环"控制标准伺服电动机缓慢运动,从而规划云台的扫描路径。

二、实验设备和工具

伺服电动机、关节模块、Mehran 控制板、BigFish 扩展板、miniUSB 数据线。

三、实验设备说明及原理

两个旋转轴的运动,其中一个轴负责控制云台在水平方向上的旋转,另一个轴负责控制云台在垂直方向上的旋转。此外,通过利用 MEMS 传感器 MPU6050 和 STM32 系统应用,脉冲宽度调制(PWM)信号控制舵机的方法,实现对云台运动的精确控制。

四、实验内容和步骤

实验内容一

步骤一:组装一个 2 自由度云台,如图 19-1 所示。

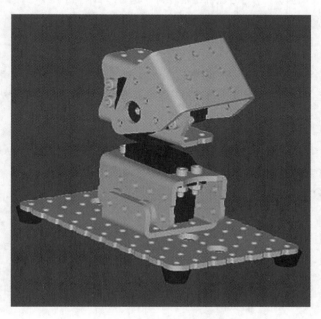

图 19-1　云台连接图

步骤二:在图形化编程界面 ArduBlock 中编写以下程序(见图 19-2)并烧录程序,熟悉 for 语句控制伺服电动机的方法。

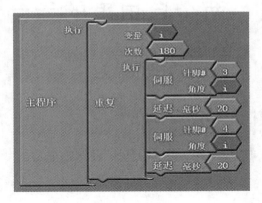

图 19-2　图形化编程图

本实验示例程序源代码如下:

```
# include < Servo.h>        // 调用舵机库函数
Servo servo_pin_3;          // 声明控制云台上下转动的舵机
Servo servo_pin_4;          // 声明控制云台左右转动的舵机

// 程序初始化部分:使能舵机引脚,并设置舵机初始角度
void setup() {
  servo_pin_3.attach(3); // 使能 3 号舵机
  servo_pin_4.attach(4); // 使能 4 号舵机
  servo_pin_3.write(0);  // 3 号舵机初始转到 0 度
  servo_pin_4.write(0);  // 4 号舵机初始转到 0 度
}

void loop() {
  Servo_Move(0,95,0,180); // D4 舵机缓慢从 0 度转到 180 度,同时 D3 舵机缓慢从 0 度转到 95 度
  Servo_Move(95,0,180,0); // D4 舵机缓慢从 180 度转到 0 度,同时 D3 舵机缓慢从 95 度转到 0 度
}

/* 两舵机同时转动子函数,使用方法如下所示:
  servo_loop_count;表示舵机从 A 角度转到 B 角度分成了多少份
  delay(20);表示每一份需要的延时时间
  Servo_Move(30,45,23,80);表示 D4 舵机缓慢从 23 度转到 80 度,同时 D3 舵机缓慢从 30 度转到
45 度
  Servo_Move(45,30,80,23);表示 D4 舵机缓慢从 80 度转到 23 度,同时 D3 舵机缓慢从 45 度转到
30 度
*/
void Servo_Move(float servo3_start_angle,float servo3_end_angle,
                float servo4_start_angle,float servo4_end_angle){
  servo_pin_3.write(servo3_start_angle); // 设置 3 号舵机初始角度
```

```
servo_pin_4.write(servo4_start_angle);//设置4号舵机初始角度
float xunhuan_count= 30.0;
float delta_servo3= 0;
float delta_servo4= 0;
float servo3_calculate_angle= 0;
float servo4_calculate_angle= 0;
int  servo3_really_angle= 0;
int  servo4_really_angle= 0;
delta_servo3=- ((servo3_start_angle-servo3_end_angle)/xunhuan_count);
delta_servo4=- ((servo4_start_angle-servo4_end_angle)/xunhuan_count);
for(float i= 0;i< xunhuan_count;i++ ){
  servo3_calculate_angle= servo3_calculate_angle+ delta_servo3;
  servo4_calculate_angle= servo4_calculate_angle+ delta_servo4;
  servo3_really_angle= int(servo3_calculate_angle);
  servo4_really_angle= int(servo4_calculate_angle);
  servo_pin_4.write(servo4_really_angle);
  servo_pin_3.write(servo3_really_angle);
  delay(20);
  }
 }
```

实验内容二

1.改写示例程序,让标准伺服归位的时候也能够缓慢运动。

2.改进云台机构,使扫描范围更大。

五、思考题

1.参与两个自由度的云台运动实验后,你有什么启发?

2.简述在组装云台过程中遇到的问题。

两个自由度的云台运动实验报告

实验日期：_____年_____月_____日

班级：_____ 姓名：_____ 指导教师：_____ 成绩：_____

一、实验目的

二、完成实验内容二代码（可另附页）

三、思考题讨论

四、心得体会

实验二十　机械手爪模块组装与控制实验

一、实验目的

1. 熟悉一种机械手模块的结构特点和组装规律。
2. 能够使用小型标准伺服电动机、齿轮组等组装机械手爪模块。
3. 明确机械手爪模块在机器人结构设计中的应用。

二、实验设备和工具

伺服电动机、关节模块、齿轮组件、Mehran 控制板、BigFish 扩展板、miniUSB 数据线。

三、实验设备说明及原理

机械手模块由 1 个标准伺服电动机驱动,通过连杆结构和齿轮组传动来达到夹取效果。

开合角度比较大,夹具顶端的运动轨迹简单稳定,夹具顶端非平行开合,比较适合于"握"住曲面物体或者柔软的物体。夹具顶点可以再安装一对带铰接的小平板零件,从而适合夹取立方体形状的物体。

四、实验内容和步骤

步骤一:使用提供的实验设备组装一个机械手,如图 20-1 所示。

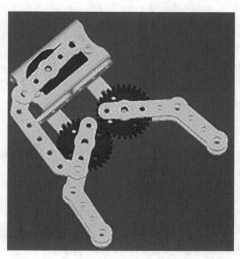

图 20-1　机械爪连接图

步骤二:将 BASRA 控制板、BigFish 扩展板、锂电池和关节模块连接成电路,也可以在图形化编程界面 ArduBlock 中编写如图 20-2 所示程序并烧录。

步骤三:编写并烧录程序,该程序实现的功能是:机械手爪慢慢合拢,合拢后保持 4 秒,然后慢慢张开,张开动作保持 2 秒,按此循环。

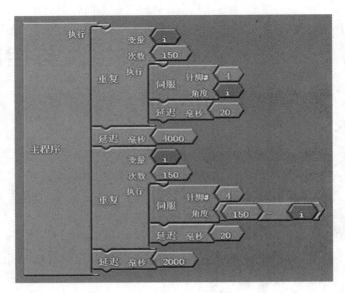

图 20-2　图形化编程图

本实验示例程序源代码如下：

```
# include < Servo.h>
int_ABVAR 1 i= 0;
Servo servo_pin_4;
void setup(){
    servo_pin_4.attach(4);
}
void loop(){
    for (_ABVAR 1 i= 1;_ABVAR 1 i<= (150);_ABVAR  1  i++ ){
        servo_pin_4.write(_ABVAR 1 i);
        delay(20);
    }
    delay(4000);
    for (_ABVAR 1 i= 1;_ABVAR 1 i<= (150);_ABVAR  1  i++ ){
        servo_pin_4.write((150- _ABVAR 1 i));
        delay(20);
    }
    delay(2000);
}
```

由于图形化不能做递减运算，所以我们采用了"150-i"这个计算方法。我们也可以用递减运算重写上面的程序。修改后的示例程序源代码如下：

```
# include < Servo.h>
int i;
intj;
Servo servo_pin_4;
void setup(){
    servo_pin_4.attach(4);
```

```
}
void loop(){
    for (i= 1;i<= 150;i++ ){
        servo_pin_4.write(i);
        delay(20);
    }
    delay(4000);
    for (j= 150;j>= 0;j-- ){
        servo_pin_4.write(j);
        delay(20);
    }
    delay(2000);
}
```

五、思考题

1. 实验过程中遇到了哪些问题?
2. 机械手爪在日常生活中有哪些应用?

机械手爪模块组装与控制实验报告

实验日期：_____年_____月_____日

班级：_____　姓名：_____　指导教师：_____　成绩：_____

一、实验目的

二、思考题讨论

三、心得体会

实验二十一　机械臂运动控制实验

一、实验目的

1. 控制机械臂运动。
2. 设计优化的运动算法，实现指定动作。

二、实验设备和工具

伺服电动机、关节模块、齿轮组件、Mehran 控制板、BigFish 扩展板、miniUSB 数据线。

三、实验设备说明及原理

模仿人类手臂功能并完成各种作业的自动控制设备，这种机器人系统有多关节连接并且允许在平面或三度空间进行运动或使用线性位移移动。构造上由机械主体、控制器、伺服机构和感应器所组成，并由程序根据作业需求设定指定动作。

四、实验内容和步骤

实验内容一

步骤一：选用实验组合箱零部件，按照图 21-1 所示，自行组装机械臂。

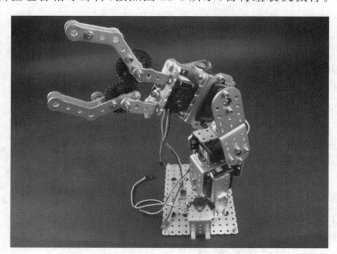

图 21-1　机械臂连接图

步骤二：将编写好的程序烧录到控制板中，观察机械臂的运动情况（注意不同的舵机安装时初始相位不同）。

本实验示例程序源代码如下：

```
int a=0,b=0,c=0,d=0,e=0,f=0;
```

```
# include < Servo.h>
Servo servo_pin_4;
Servo servo_pin_7;
Servo servo_pin_11;
Servo servo_pin_3;
Servo servo_pin_8;
void setup(){
    servo_pin_4.attach(4);
    servo_pin_4.write(76);
    servo_pin_7.attach(7);
    servo_pin_7.write(110);
    servo_pin_11.attach(11);
    servo_pin_11.write(68);
    servo_pin_3.attach(3);
    servo_pin_3.write(157);
    servo_pin_8.attach(8);
    servo_pin_8.write(81);
    delay(3000);//设置初始位置
}
void loop(){
    int a=76;b=110;c=68;d=157;e=81;
    servo_pin_4.write(a);
    servo_pin_7.write(b);
    servo_pin_11.write(c);
    servo_pin_3.write(d);
    servo_pin_8.write(e);
    //现在开始进行运动
    for(e=80;e>=50;e-=1)
        servo_pin_8.write(e);delay(30);
    for(d=158;d>=62;d-=3)
        servo_pin_3.write(d);delay(30);
    for(b=110;b>=19;b-=3)
        servo_pin_7.write(b);delay(30);
    for(e=50;e<=80;e+=1)
        servo_pin_8.write(e);delay(30);
    for(b=19;b<=110;b+=3)
        servo_pin_7.write(b);delay(30);
    delay(3000);
    for(b=110;b>=19;b-=3)
        servo_pin_7.write(b);delay(30);
    for(e=80;e>=50;e-=1)
        servo_pin_8.write(e);delay(30);
    for(b=19;b<=110;b+=3)
        servo_pin_7.write(b);delay(30);
```

```
for(d=62;d<=158;d+=3)
    servo_pin_3.write(d);delay(30);
for(e=50;e<=81;e+=1)
    servo_pin_8.write(e);delay(30);
}
```

实验内容二

1.实现机械臂旋转 30°,然后做抓取动作。

2.修改程序,使机械臂做出其他动作。

五、思考题

1.实验内容一可以实现什么运动功能?

2.组装的机械臂有几个自由度?

3.机械卡爪有哪些类型? 各有什么特点?

机械臂运动控制实验报告

实验日期：_____年_____月_____日

班级：_____ 姓名：_____ 指导教师：_____ 成绩：_____

一、实验目的

二、完成实验内容二代码(可另附页)

三、思考题讨论

四、心得体会

实验二十二　机械臂按颜色分拣实验

一、实验目的

1. 能够结合具体场景需求,采用颜色识别传感器实现识别功能。
2. 能够对机械臂运动控制算法进行设计与优化。

二、实验设备和工具

伺服电动机、关节模块、齿轮组件、Mehran 控制板、BigFish 扩展板、miniUSB 数据线、颜色块、颜色识别传感器。

三、实验设备说明及原理

本实验涉及颜色识别和机械臂运动控制两个方面。首先,通过使用颜色识别传感器,机械臂获得了颜色识别的能力。颜色识别传感器可以检测到工件的颜色并将其转化为电信号,从而让机械臂能够识别不同的颜色。然后,机械臂会根据颜色识别传感器检测并反馈的信息进行相应的动作。具体来说,当黑、白或红、蓝等不同颜色的工件分别放置在传感器上时,机械臂会根据检测到的颜色控制其执行末端工具,将工件搬运至相应颜色的区域。

四、实验内容和步骤

实验内容一

步骤一:选用实验工具箱零件,按照图 22-1 安装机械臂。

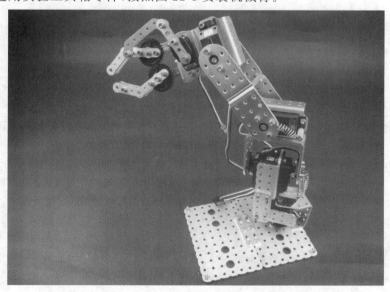

图 22-1　机械臂连接图

步骤二：将机械臂、颜色识别传感器与扩展板进行组装，如图 22-2 所示。

图 22-2　带颜色识别模块的机械臂连接图

步骤三：将程序烧录到控制板中，观察机械臂的运动情况，它可以识别白色和黑色，并将放在机械臂前的部件进行分类。

本实验示例程序源代码如下：

```
int a= 0,b= 0,c= 0,d= 0,e= 0,f= 0;
# include < Servo.h>
Servo servo_pin_4;
Servo servo_pin_7;
Servo servo_pin_11;
Servo servo_pin_3;
Servo servo_pin_8;
# include < MsTimer2.h>
# define S0     A0      //把 TCS3200 颜色识别传感器各控制引脚连到 Arduino 数字端口,物体表
                         面的反射光越强,TCS3200 的内置振荡器产生的方波频率越高
# define S1     A1      //S0 和 S1 的组合决定输出信号频率比例因子,比例因子为 2%,比例因子为
                         TCS3200 传感器 OUT 引脚输出信号频率与其内置振荡器频率之比
# define S2     A2      //S2 和 S3 的组合决定让红、绿、蓝哪种光线通过滤波器
# define S3     0
# define OUT    2
//TCS3200 颜色识别传感器输出信号输入到 Arduino 中断 0 引脚,并引发脉冲信号中断
//在中断函数中记录 TCS3200 输出信号的脉冲个数
# define LED    A3
//控制 TCS3200 颜色识别传感器是否点亮
```

```
int     g_count= 0;
//计算与反射光强相对应 TCS3200 颜色识别传感器输出信号的脉冲数
//数组存储在 1s 内 TCS3200 输出信号的脉冲数,它乘以 RGB 比例因子就是 RGB 标准值
int     g_array[3];
int     g_flag= 0;
//滤波器模式选择顺序标志
float g_SF[3];
//存储从 TCS3200 输出信号的脉冲数转换为 RGB 标准值的 RGB 比例因子
int l;
//初始化 TSC3200 各控制引脚的输入输出模式,设置 TCS3200 的内置振荡器方波频率与其输出信号频
    率的比例因子为 2%
void TSC_Init(){
    pinMode(S0,OUTPUT);
    pinMode(S1,OUTPUT);
    pinMode(S2,OUTPUT);
    pinMode(S3,OUTPUT);
    pinMode(OUT,INPUT);
    pinMode(LED,OUTPUT);
    digitalWrite(S0,LOW);
    digitalWrite(S1,HIGH);
}
//选择滤波器模式,决定让红、绿、蓝哪种光线通过滤波器
void TSC_FilterColor(int Level01,int Level02){
    if(Level01 != 0)
        Level01= HIGH;
    if(Level02 != 0)
        Level02= HIGH;
    digitalWrite(S2,Level01);
    digitalWrite(S3,Level02);
}
//中断函数,计算 TCS3200 输出信号的脉冲数
void TSC_Count(){
    g_count++ ;
}
//定时器中断函数,每 1s 中断后,当该时间内的红、绿、蓝三种光线通过滤波器时,TCS3200 输出信号脉
    冲个数将分别存储到数组 g_array[3]的相应元素变量中
void TSC_Callback(){
    switch(g_flag){
        case 0:
            Serial.println("-> WB Start");
            TSC_WB(LOW,LOW);
            //选择让红色光线通过滤波器的模式
            break;
        case 1:
```

```
        Serial.print("-> Frequency R= ");
        Serial.println(g_count);
        //打印 1s 内的红光通过滤波器时,TCS3200 输出的脉冲个数
        g_array[0]= g_count;
        //存储 1s 内的红光通过滤波器时,TCS3200 输出的脉冲个数
        TSC_WB(HIGH,HIGH);
        //选择让绿色光线通过滤波器的模式
        break;
    case 2:
        Serial.print("-> Frequency G= ");
        Serial.println(g_count);
        //打印 1s 内的绿光通过滤波器时,TCS3200 输出的脉冲个数
        g_array[1]= g_count;
        //存储 1s 内的绿光通过滤波器时,TCS3200 输出的脉冲个数
        TSC_WB(LOW,HIGH);
        //选择让蓝色光线通过滤波器的模式
        break;
    case 3:
        Serial.print("-> Frequency B= ");
        Serial.println(g_count);
        //打印 1s 内的蓝光通过滤波器时,TCS3200 输出的脉冲个数
        Serial.println("-> WB End");
        g_array[2]= g_count;
        //存储 1s 内的蓝光通过滤波器时,TCS3200 输出的脉冲个数
        TSC_WB(HIGH,LOW);
        //选择无滤波器的模式
        break;
    default:
        g_count= 0;//计数值清零
        break;
    }
}
//设置反射光中红、绿、蓝三色光分别通过滤波器时如何处理数据的标志
//该函数被 TSC_Callback()调用
void TSC_WB(int Level0,int Level1){
    g_count= 0;//计数值清零
    g_flag++ ;//输出信号计数标志
    TSC_FilterColor(Level0,Level1);//滤波器模式
    Timer1.setPeriod(1000000);//设置输出信号脉冲计数时长 1s
}
//初始化
void setup(){
    pinMode(4,OUTPUT);
    pinMode(7,OUTPUT);
```

```
    pinMode(11,OUTPUT);
    pinMode(3,OUTPUT);
    pinMode(8,OUTPUT);
    servo_pin_4.attach(4);
    servo_pin_4.write(76);
    servo_pin_7.attach(7);
    servo_pin_7.write(110);
    servo_pin_11.attach(11);
    servo_pin_11.write(68);
    servo_pin_3.attach(3);
    servo_pin_3.write(157);
    servo_pin_8.attach(8);
    servo_pin_8.write(71);
    delay(3000);
    TSC_Init();
    Serial.begin(9600);//启动串行通信
    MsTimer2::start();
    //默认值是 1 s
    Timer1.attachInterrupt(TSC_Callback);//设置定时器 1 的中断,中断调用函数为
    TSC_Callback() MsTimer2::set(step_delay,iterate);
    //设置 TCS3200 输出信号的上跳沿触发中断,中断调用函数为 TSC_Count()
    attachInterrupt(0,TSC_Count,RISING);
    digitalWrite(LED,HIGH);//点亮 LED 灯
    delay(4000);//延时 4s,以等待被测物体红、绿、蓝三色在 1 s 内的 TCS3200 输出信号
脉冲计数
    //通过白平衡测试,计算得到白色物体 RGB 值 255 与 1 s 内三色光脉冲数的 RGB 比例
        因子
    g_SF[0]= 0.04800;
    g_SF[1]= 0.05065;
    g_SF[2]= 0.04104;
    //打印白平衡后的红、绿、蓝三色的 RGB 比例因子
    Serial.println(g_SF[0],5);
    Serial.println(g_SF[1],5);
    Serial.println(g_SF[2],5);
    //红、绿、蓝三色光对应的 1s 内 TCS3200 输出脉冲数乘以相应的比例因子就是 RGB 标
        准值
    //打印被测物体的 RGB 值
    for(int i= 0;i< 3;i++ )
        Serial.println(int(g_array[i] *  g_SF[i]));
}
//主程序
void loop(){
    g_flag= 0;
    //每获得一次被测物体 RGB 颜色值需耗时 4 s
```

```
delay(4000);
// 打印出被测物体的 RGB 颜色值
for(int i= 0;i< 3;i++ )
    Serial.println(int(g_array[i] *  g_SF[i]));
l= g_array[2] *  g_SF[2];
Serial.println(l);
if(l>= 150){
    for(e= 70;e>= 50;e-= 1)
        servo_pin_8.write(e);delay(30);
    for(d= 158;d>= 36;d-= 3)
        servo_pin_3.write(d);delay(30);
    for(c= 68;c< 142;c+= 3)
        servo_pin_11.write(c);delay(30);
    for(e= 50;e<= 70;e+= 1)
        servo_pin_8.write(e);delay(30);
    for(c= 142;c>= 103;c-= 3)
        servo_pin_11.write(c);delay(30);
    for(a= 76;a>= 32;a-= 3)
        servo_pin_4.write(a);delay(30);
    for(e= 70;e>= 50;e-= 1)
        servo_pin_8.write(e);delay(30);
    for(a= 120;a>= 76;a-= 3)
        servo_pin_4.write(a);delay(30);
    for(c= 103;c>= 68;c-= 3)
        servo_pin_11.write(c);delay(30);
    for(d= 36;d<= 157;d+= 3)
        servo_pin_3.write(d);delay(30);
    for(e= 50;e<= 70;e+= 1)
        servo_pin_8.write(e);delay(30);
}
if(l< 150){
    for(e= 70;e>= 50;e-= 1)
        servo_pin_8.write(e);delay(30);
    for(d= 158;d>= 36;d-= 3)
        servo_pin_3.write(d);delay(30);
    for(c= 68;c< 142;c+= 3)
        servo_pin_11.write(c);delay(30);
    for(e= 50;e<= 70;e+= 1)
        servo_pin_8.write(e);delay(30);
    for(c= 142;c>= 103;c-= 3)
        servo_pin_11.write(c);delay(30);
    for(a= 76;a<= 120;a+= 3)
        servo_pin_4.write(a);delay(30);
    for(e= 70;e>= 50;e-= 1)
```

```
          servo_pin_8.write(e);delay(30);
      for(a= 120;a>= 76;a-= 3)
          servo_pin_4.write(a);delay(30);
      for(c= 103;c>= 68;c-= 3)
          servo_pin_11.write(c);delay(30);
      for(d= 36;d<= 157;d+= 3)
          servo_pin_3.write(d);delay(30);
      for(e= 50;e<= 70;e+= 1)
          servo_pin_8.write(e);delay(30);}
      }
  }
```

实验内容二

修改程序,使机械臂识别出两种以上的颜色并分类。

五、思考题

1.机械臂按颜色分拣实验的应用场景有哪些?

2.机械臂分拣工件和传统人工分拣工件哪个优点更多? 谈谈你的理解。

机械臂按颜色分拣实验报告

实验日期：_____年_____月_____日

班级：_____ 姓名：_____ 指导教师：_____ 成绩：_____

一、实验目的

二、完成实验内容二代码（可另附页）

三、思考题讨论

四、心得体会

实验二十三　蓝牙操控的履带式机械臂搬运小车实验

一、实验目的

1. 能够利用蓝牙技术控制小车和机械爪的运动。
2. 培养使用多部件结合的能力。

二、实验设备和工具

伺服电动机、直流电动机、锂电池、关节模块、齿轮组件、蓝牙模块、Mehran 控制板、Big-Fish 扩展板、miniUSB 数据线。

三、实验设备说明及原理

从串口(蓝牙)接收字符,根据不同字符分别做出前进、后退、原地左转、原地右转、夹爪打开、夹爪闭合的动作。

程序通过使用 if 语句来判断读取到的串口的不同字符值来匹配不同的动作,从而实现对机器人的远程控制。

接收到"1"的时候,执行前进;

接收到"2"的时候,执行后退;

接收到"3"的时候,执行左转;

接收到"4"的时候,执行右转;

接收到"5"的时候,执行停止;

接收到"6"的时候,机械爪打开;

接收到"7"的时候,机械爪闭合。

手机 APP 的键值按上述规则进行配置,具体蓝牙模块的操作可以按照实验十二进行设置。根据上述规则进行配置,当单片机接收到不同的信息,也就是不同的数值时,搬运小车将执行不同的动作。

四、实验内容和步骤

步骤一:选用实验材料,组装履带小车,如图 23-1 所示。

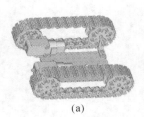
(a)

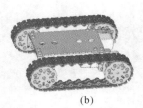
(b)

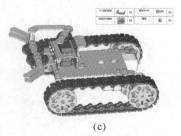
(c)

图 23-1　履带小车连接图

步骤二：将蓝牙模块连接到 BigFish 扩展板上并将整个控制部分固定到小车上，如图 23-2 所示。将线路按接口分布接好，机械爪接 D3，左轮接 D9、D10，右轮接 D5、D6。

图 23-2　小车整体示意图

步骤三：将程序烧录到控制板内。利用手机蓝牙串口 APP 虚拟按键实现既定功能，完成履带车的前进、后退、左转、右转和停止，以及机械爪的打开和抓取。

本实验示例程序源代码如下：

```
# include < Servo.h>

int a= 0;
Servo servo_pin_3;

void Open();
void Close();
void Spot_turn_Right();
void Spot_turn_Left();
void Stop();
void Backwards();
void Forward();

void setup(){
  pinMode(10,OUTPUT);
  pinMode(6,OUTPUT);
  pinMode(5,OUTPUT);
  pinMode(9,OUTPUT);
  Serial.begin(9600);
  servo_pin_3.attach(3);
}

void loop(){
  a= Serial.parseInt();
  if (((a)> (0))){
    if (((a)== (1))){
```

```
      Forward();
    }
    if (((a)== (2))){
      Backwards();
    }
    if (((a)== (3))){
      Spot_turn_Left();
    }
    if (((a)== (4))){
      Spot_turn_Right();
    }
    if (((a)== (5))){
      Stop();
    }
    if (((a)== (6))){
      Open();
    }
    if (((a)== (7))){
      Close();
    }
  }
}

void Spot_turn_Right(){
  analogWrite(5,255);
  analogWrite(6,0);
  analogWrite(9,0);
  analogWrite(10,255);
}

void Stop(){
  analogWrite(5,255);
  analogWrite(6,255);
  analogWrite(9,255);
  analogWrite(10,255);
}

void Backwards() {
  analogWrite(5,255);
  analogWrite(6,0);
  analogWrite(9,255);
  analogWrite(10,0);
}
```

```
void Forward(){
  analogWrite(5,0);
  analogWrite(6,255);
  analogWrite(9,0);
  analogWrite(10,255);
}

void Spot_turn_Left(){
  analogWrite(5,0);
  analogWrite(6,255);
  analogWrite(9,255);
  analogWrite(10,0);
}

void Close(){
  servo_pin_3.write(70);
}

void Open(){
  servo_pin_3.write(110);
}
```

五、思考题

1.简述蓝牙操控的履带式机械臂搬运小车的原理和适用场景。

2.是否可以对蓝牙操控的履带式机械臂搬运小车进行结构改造,以适应其他场景？列写出这些场景。

蓝牙操控的履带式机械臂搬运小车实验报告

实验日期：_____年_____月_____日

班级：_____　姓名：_____　指导教师：_____　成绩：_____

一、实验目的

二、思考题讨论

三、心得体会

实验二十四　认识树莓派实验

一、实验目的

能够复述树莓派基础知识,明确基础的硬件连接及配置编程环境。

二、实验设备和工具

USB 充电线、树莓派、鼠标、键盘、SD 储存卡。

三、实验设备说明及原理

1. 树莓派简介

Raspberry Pi(中文名为"树莓派",简写为 RPI,或者 RasPi/RPi)电脑板是为学生计算机编程教育而设计的,只有信用卡大小的卡片式电脑,其系统基于 Linux,具有电脑的所有基本功能。这一款电脑无论是在发展中国家还是发达国家,有更多的其他应用被不断开发出来,并应用到更多领域。就像任何一台运行 Linux 系统的台式计算机或者便携式计算机那样,利用 Raspberry Pi 可以做很多事情。但普通计算机主板是依靠硬盘来存储数据的,而树莓派是用 SD 卡或外接 USB 硬盘来存储数据的。利用 Raspberry Pi 可以编辑 Office 文档、浏览网页、玩游戏,即使玩需要强大图形加速器支持的游戏也没有问题。树莓派的低价意味着其用途更加广泛,将其打造成卓越的多媒体中心也是一个不错的选择。利用树莓派可以播放视频,甚至可以通过电视机的 USB 接口供电。

2. 树莓派硬件参数

表 24-1 是第一代树莓派 B 的详细参数。

表 24-1　树莓派 B 的参数表

参数	描述
CPU	Broadcom BCM2835(CPU,GPU,DSP,SDRAM,USB)
核心	ARM1176JZF-S(ARM11 系列)
频率	700MHz
GPU	Broadcom VideoCore IV
GPU 功能	OpenGL ES 2.0,1080p 30 h. 264/MPEG-4 AVC 高清解码
内存	512MB
USB	2 个 USB 2.0 接口(支持 USB hub 扩展)
视频输出	Composite RCA(PAL & NTSC),HDMI(rev 1.3 & 1.4), DSI(分辨率为 640×350 至 1920×1200,支持多种 PAL 和 NTSC 标准)
音频输出	3.5mm 插孔,HDMI
网络接口	10/100 以太网接口

续表

参数	描述
外设	8×GPIO，UART，I2C，SPI 总线（两个选择）
额定功率	3.5W(700mA)
电源输入	5V(通过 MicroUSB 或 GPIO 头)
存储	SD/MMC/SDIO 卡插槽
尺寸	85.60 mm×53.98 mm(3.370 in×2.125 in)
操作系统支持	Debian GNU/Linux，Fedora，Arch Linux ARM，RISC OS，XBMC

树莓派 B+较上一代的优点如下：

(1)更多的 GPIO：树莓派 B+将通用输入/输出引脚增加到 40 个，而树莓派 B 则只有 26 个引脚；

(2)更多的 USB：树莓派 B+提供了 4 个 USB 端口，对热插拔有着更好的兼容性，而树莓派 B 只有 2 个 USB 端口；

(3)支持 microSD：旧款的 SD 卡插槽，已经被换成为推入式 microSD 卡槽；

(4)更低的功耗：将线性式稳压器换成了开关式，功耗降低了 0.5W~1W；

(5)更好的音频：音频电路部分采用了专用的低噪供电；

(6)简洁的外形：USB 接口被放到了主板的一边，复合视频接口移到了 3.5mm 音频口的位置，此外还增加了 4 个独立的安装孔。

3.树莓派功能及 GPIO 引脚介绍

(1)树莓派功能介绍。

图 24-1 是树莓派 B 的各接口功能示意图，列出了每个接口的位置及其功能。

图 24-1　树莓派 B 的接口功能图

(2)树莓派 GPIO 引脚如图 24-2 所示。

树莓派的硬件接口通过开发板上的 40 排针 J8 公开，功能包括：

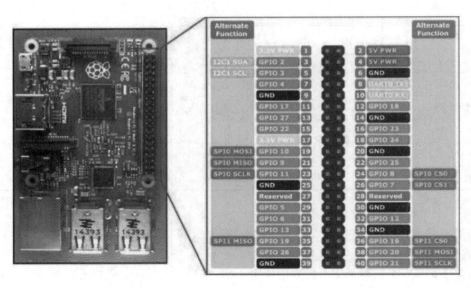

图 24-2　树莓派 GPIO 引脚图

①17——GPIO 引脚。

②1x——SPI 总线。

③1X——I2C 总线。

④2x——5V 电源引脚。

⑤2X——3.3V 电源引脚。

⑥8X——接地引脚。

4. Ubuntu 简介

Ubuntu,中文名为乌班图,是基于 Debian GNU/Linux,支持 x86、amd64(即 x64)和 PPC 架构,由全球化的专业开发团队 Canonical Ltd. 打造的开源 GNU/Linux 操作系统,为桌面虚拟化提供支持平台。Ubuntu 对 GNU/Linux 的普及特别是桌面普及作出了巨大贡献,让更多人共享了开源的成果与精彩。

Ubuntu 由 Mark Shuttleworth(马克·沙特尔沃斯)创立,Ubuntu 以 Debian GNU/Linux 不稳定分支为开发基础,其首个版本于 2004 年 10 月 20 日发布。Debian 依赖庞大的社区,而不依赖任何商业性组织和个人。Ubuntu 使用 Debian 的大量资源,同时其开发人员作为贡献者也参与 Debian 社区开发。而且,许多热心人士也参与 Ubuntu 开发。

认识树莓派实验报告

实验日期：_____年_____月_____日

班级：_____ 姓名：_____ 指导教师：_____ 成绩：_____

一、实验目的

二、思考题讨论

三、心得体会

实验二十五　基于树莓派的环境配置和视觉识别实验

一、实验目的

1. 能够说明树莓派的操作过程及功能。
2. 配置树莓派系统环境。
3. 使用树莓派进行视觉识别实验。

二、实验设备和工具

树莓派控制板、16GB 内存卡、miniUSB 数据线、显示器、鼠标、键盘、HDMI 数据线、读卡器。

三、实验设备说明及原理

将系统烧录完成的 SD 内存卡插入树莓派 SD 卡槽中，使用输出电压为 5V 的充电设备给树莓派供电，树莓派通过 HDMI 数据线与显示器连接，并将鼠标及键盘插入树莓派的 USB 接口处。之后的程序代码都是在树莓派的系统中进行的。其接口说明如图 24-1 所示。

四、实验内容和步骤

步骤一：树莓派系统的烧录。

将 SD 卡通过读卡器与外端电脑连接，在树莓派官网上找到与控制板适配的系统，此处所选系统如图 25-1 第二行所示。其下载网址如下：

https://downloads.raspberrypi.com/raspios_armhf/images/raspios_armhf-2021-01-12/

Name	Last modified	Size	Description
Parent Directory		-	
2021-01-11-raspios-buster-armhf.info	2021-01-11 13:21	182K	
2021-01-11-raspios-buster-armhf.zip	2021-01-11 13:21	1.1G	
2021-01-11-raspios-buster-armhf.zip.sha1	2021-01-12 14:40	78	
2021-01-11-raspios-buster-armhf.zip.sha256	2021-01-12 14:40	102	
2021-01-11-raspios-buster-armhf.zip.sig	2021-01-11 16:27	488	
2021-01-11-raspios-buster-armhf.zip.torrent	2021-01-12 14:40	23K	

图 25-1　树莓派系统目录

将下载好的系统压缩包进行解压，通过 balenaEtcher 软件将系统烧录到 SD 卡上，烧录成功可将读卡器拔出，将 SD 卡安装到树莓派控制板上。

步骤二：启动树莓派。

将树莓派通过 HDMI 数据线与显示器相连，将鼠标、键盘的接口插入树莓派 USB 插口中，待一切连接完成后再分别对树莓派和显示器通电。硬件连接如图 25-2 所示。

启动树莓派后可在显示屏上看到树莓派界面，等待一段时间后可进入 Linux 系统桌面，系统设置可根据自身进行设定。

步骤三：安装 OpenCV。

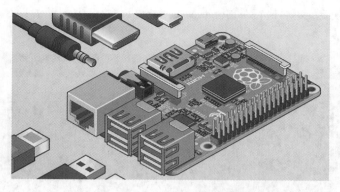

图 25-2　树莓派硬件连接图

（1）需要进行终端换源操作。终端执行 sudonano/etc/apt/sources. list（见图 25-3），将原有代码用 ♯ 注释。

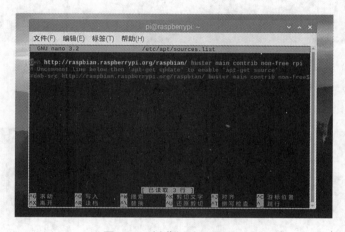

图 25-3　树莓派终端界面 1

（2）按动键盘方向键将输入命令符移到注释行下端，输入两行源代码（见图 25-4），按 Ctrl＋X 进行保存，并按 Y 键后再按回车键回到终端初始界面。

图 25-4　树莓派终端界面 2

（3）进行二次换源，终端执行 sudonano/etc/apt/sources. list. d/raspi. list（见图 25-5），将原代码用♯注释。

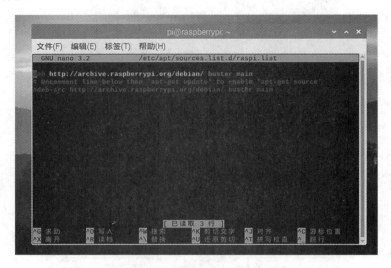

图 25-5　树莓派终端界面 3

（4）按动键盘方向键将输入命令符移到注释行下端，输入源代码（见图 25-6），按 Ctrl＋X进行保存，并按 Y 键后再按回车键回到终端初始界面。

图 25-6　树莓派终端界面 4

（5）源代码更改操作完成后，在终端命令窗口执行命令 sudoapt-getupdate 进行更新。更新完成后，安装 OpenCV，在命令行窗口执行命令，若显示图 25-7 所示界面则表示安装成功。

（6）安装完成后进行 OpenCV 测试，先输入 python3，再输入 importcv2，如果没报错则表明安装成功，再在终端输入 exit()退出。

步骤四：通过 Python 开启微型摄像头。

（1）如图 25-8 所示，打开树莓派设置栏（Raspberry Pi Configuration），将 interfaces 标题下的 Camera 选项更改为 enable 并进行保存退出，之后将会提示重启树莓派，选择确定进行重启。

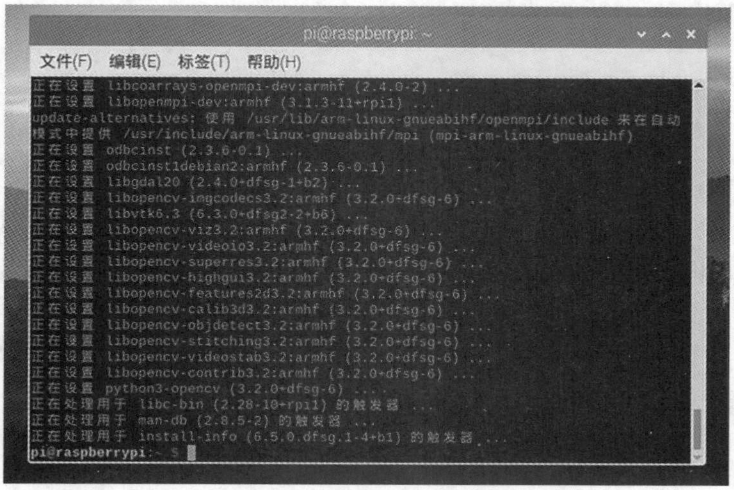

图 25-7　树莓派终端安装成功界面

图 25-8　树莓派窗口界面

（2）重启后打开窗口左上选项中编程栏目中的 python 编辑窗口,将如下代码输入窗口中,将微型摄像头的连接头插入树莓派 USB 插口上,之后将代码进行保存并执行,观察执行结果。

源代码如下：

```
importcv2
cap= cv2.VideoCapture(0)
width= 1280
height= 960
cap.set(cv2.CAP_PROP_FRAME_WIDTH,width)
cap.set(cv2.CAP_PROP_FRAME_HEIGHT,height)
while True:
  ret,frame= cap.read()
  img= cv2.cvtColor(frame,cv2.COLOR_BGR2GRAY)
```

```
    cv2.imshow("img",img)
    cv2.imshow("frame",frame)
    input= cv2.waitKey(20)
cap.release()
cv2.destroyAllWindows()
```

步骤五:通过 python 进行图片形状识别。

首先需要在终端窗口执行命令 sudopip3install－upgradeimutils,之后退出终端,同样打开python 编辑窗口,将下列代码输入窗口中,执行前需在网上搜索一些简单图片保存到桌面上,将图片名称和后缀更改为 shape2.jpg。

源代码如下:

```
importimutils
importcv2
importnumpyasnp
image= cv2.imread('shape2.jpg',cv2.IMREAD_COLOR)
res= cv2.resize(image,(1000,400),interpolation= cv2.INTER_CUBIC)
gray= cv2.cvtColor(res,cv2.COLOR_BGR2GRAY)
gray= cv2.GaussianBlur(gray,(5,5),0)
thresh= cv2.threshold(gray,175,255,cv2.THRESH_BINARY_INV)[1]
cnts= cv2.findContours(thresh.copy(),cv2.RETR_EXTERNAL,cv2.CHAIN_APPROX_SIMPLE)
cnts= cnt[0]ifimutils.is_cv2()elsecnts[1]
for c in cnts:
  M= cv2.moments(c)
  cv2.drawContours(res,[c],- 1,(0,0,255),2)
  cv2.imshow("image.jpg",res)
  cv2.waitKey(0)
```

五、思考题

尝试着改动 python 代码使摄像头测试窗口呈现不同的显示效果,将图形识别参数进行修改,再观察识别效果有什么不同?

基于树莓派的环境配置和视觉识别实验报告

实验日期：_____年_____月_____日

班级：_____　姓名：_____　指导教师：_____　成绩：_____

一、实验目的

二、思考题讨论

三、心得体会

实验二十六 对视频中的形状识别实验

一、实验目的

1.用摄像头采集广告图像,进行识别。
2.掌握视频中的形状识别技术。

二、实验设备和工具

树莓派控制板、8G 或 16G 内存卡、HDMI 视频线、显示屏、USB 线、摄像头。

三、实验设备说明及原理

(1)图像预处理:首先,需要将视频帧(彩色图像)转换为灰度图像。在灰度图像中,每个像素只有一个颜色通道,这可以简化后续的处理步骤。

(2)阈值分割:对灰度图像进行阈值分割,将其转换为二值图像。阈值分割是通过设定一个阈值来实现的,高于阈值的像素会被设为白色(255),而低于阈值的像素会被设为黑色(0)。这个过程可以将目标物体与背景分离开来。

(3)轮廓检测:使用 OpenCV 的轮廓检测函数来检测二值图像中的轮廓。轮廓是由一系列相连的边界点组成的,它们可以表示出目标物体的形状。根据轮廓的顶点数和其他特征,我们可以识别出不同的形状,如正方形、长方形、菱形等。

(4)形状识别:在轮廓检测的基础上,通过分析和比较轮廓的几何特征(如面积、周长、长宽比等),可以确定每个轮廓所代表的形状。这通常涉及一些几何计算和比较算法。

四、实验内容和步骤

步骤一:根据设计思路编写代码。

步骤二:对写好的程序进行编译,查看运行效果。

使用 cd 命令进入 shape_detect_cam 文件夹,终端执行:python test.py,调用摄像头,对视频中的物体形状进行描绘,如图 26-1 所示。

图 26-1 图形轮廓图

本实验的参考代码如下：

```python
# ! /usr/bin/python
# coding:utf- 8
import imutils# if no mode named imutils - ->  sudo pip install - - upgrade imutils
import cv2
import numpy as np
cv2.namedWindow("test")# 命名一个窗口
cap= cv2.VideoCapture(0)# 打开 0号摄像头
success,frame= cap.read()# 读取一帧图像,前一个返回值表示是否成功,后一个返回值表示图像
本身
while success:
    success,frame= cap.read()
    size= frame.shape[:2]# 获得当前帧彩色图像大小
    image= np.zeros(size,dtype= np.float16)# 定义一个与当前帧图像大小相同的灰度图像
    矩阵
    image= cv2.cvtColor(frame,cv2.COLOR_BGR2GRAY)# 将当前帧图像转换为灰度图像
    image= cv2.GaussianBlur(image,(5,5),0)
    thresh= cv2.threshold(image,130,255,cv2.THRESH_BINARY_INV)[1]
    # dilated= cv2.dilate(image,cv2.getStructuringElement(cv2.MORPH_ELLIPSE,(3,3)),
    iterations= 2)
    # image
    = cv2.adaptiveThreshold(image,255,cv2.ADAPTIVE_THRESH_GAUSSIAN_C,cv2.THRESH_BI
    NARY,11,2)
    # find contours in the thresholded image
    cnts= cv2.findContours(thresh.copy(),cv2.RETR_EXTERNAL,
    cv2.CHAIN_APPROX_SIMPLE)
    cnts= cnts[0] if imutils.is_cv2() else cnts[1]
    #  loop over the contours
    for c in cnts:
        M= cv2.moments(c)
        cv2.drawContours(frame,[c],- 1,(0,255,0),2)cv2.imshow("test",frame) # 显示图像
    key= cv2.waitKey(10)
    c= chr(key & 255)
    if c in ['q','Q',chr(27)]:# 按 q键退出
      break
cv2.destroyWindow("test")
```

五、思考题

1.视频中的形状识别技术可应用在生活中的哪些方面？

2.对视频中的形状识别技术应提出哪些限制要求？

对视频中的形状识别实验报告

实验日期：＿＿＿＿＿＿＿＿年＿＿＿＿月＿＿＿＿日

班级：＿＿＿＿＿＿　　姓名：＿＿＿＿＿＿　　指导教师：＿＿＿＿＿＿　　成绩：＿＿＿＿

一、实验目的

二、思考题讨论

三、心得体会

实验二十七　树莓派与 BASRA 串口通信实验

一、实验目的

1. 掌握将键盘上的数字同时显示到显示屏和点阵屏上的方法。
2. 能够将键盘上的数字同时显示到显示屏和点阵屏上。

二、实验设备和工具

树莓派控制板、8G 或 16G 内存卡、HDMI 视频线、显示屏、USB 线、BigFish 扩展板。

三、实验设备说明及原理

串口通信指的是外设与计算机之间通过数据信号线、地线等,按照位进行传输的一种通信方式。串口通信只需要一对数据线,可以大大地降低成本,适用于远距离通信。本实验会通过串口的方式控制数码管。按下键盘上 0～9 范围内的数字,在显示屏上显示数字,同时把数字显示在 8×8 的点阵屏上(即下位机上)。

四、实验内容和步骤

步骤一:在实验二十五的基础上继续进行硬件连接,如图 27-1 所示。

图 27-1　硬件连接示意图

步骤二:将 serial_test.ino 文件烧录到 BASRA 控制板,并打开 8×8 点阵。

步骤三:BASRA 控制板与树莓派通过 USB 线连接。

步骤四:用树莓派编译运行 serial_test.cpp 文件。

步骤五:上位机程序运行后,按照视频中的操作,输入数字 1～9(见图 27-2),回车发送至下位机,将显示相应数字。

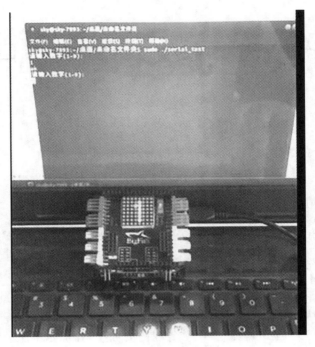

图 27-2　实验效果图

步骤六：按 Ctrl＋C,结束上位机程序,serial_test. py 为 python 串口通信程序。
本实验的参考代码包括：serial_test. ino、serial_test. cpp、serial_test. py。
serial_test. ino 代码：

```
# include < Arduino.h>
# include < LedControl.h>

int DIN= 12,CS= 13,CLK= 11;        // 8×8 LED 点阵引脚
LedControl lc(DIN,CLK,CS,1);

byte led_wait[8]= {0x81,0x0,0x0,0x18,0x18,0x0,0x0,0x81};// wait
byte led_ok[8]= {0x0,0x69,0x9A,0x9C,0x9C,0x9A,0x69,0x0};// 8×8 点阵显示 ok
byte led_number[9][8]= {
    {0x0,0x8,0x18,0x8,0x8,0x8,0x8,0x0},              // 1
    {0x0,0x18,0x24,0x4,0x8,0x10,0x3C,0x0},           // 2
    {0x0,0x18,0x24,0x8,0x4,0x24,0x18,0x0},           // 3
    {0x0,0x8,0x18,0x28,0x7C,0x8,0x8,0x0},            // 4
    {0x0,0x3C,0x20,0x38,0x4,0x24,0x18,0x0},          // 5
    {0x0,0x8,0x10,0x38,0x24,0x24,0x18,0x0},          // 6
    {0x0,0x3C,0x4,0x8,0x10,0x10,0x10,0x0},           // 7
    {0x18,0x24,0x24,0x18,0x24,0x24,0x18,0x0},        // 8
    {0x0,0x18,0x24,0x24,0x1C,0x8,0x10,0x0}           // 9
}

void setup(){
```

```
        Serial.begin(9600);
        lc.shutdown(0,false);
        lc.setIntensity(0,10);
        lc.clearDisplay(0);
        LedDisplay(led_ok);
}


void loop(){
    int a= SerialRead().toInt();
    if(a> 0 && a <= 9){
        switch(a){
            case 1:LedDisplay(led_number[a-1]);break;
            case 2:LedDisplay(led_number[a-1]);break;
            case 3:LedDisplay(led_number[a-1]);break;
            case 4:LedDisplay(led_number[a-1]);break;
            case 5:LedDisplay(led_number[a-1]);break;
            case 6:LedDisplay(led_number[a-1]);break;
            case 7:LedDisplay(led_number[a-1]);break;
            case 8:LedDisplay(led_number[a-1]);break;
            case 9:LedDisplay(led_number[a-1]);break;
        }
        Serial.print("ok\n");
    }
}


String SerialRead(){
    String s;
    while(Serial.available() > 0){
        s= Serial.readStringUntil('\n');
        s.trim();
        return s;
    }
}


void LedDisplay(byte character[]){
    int i;
    int rows= 8;
    lc.clearDisplay(0);
    for(i= 0;i< rows;i++ ) lc.setRow(0,i,character[i]);
}
```

serial_test. cpp 代码：

```
# include < iostream>
# include < vector>
```

```cpp
# include < opencv2/opencv.hpp>
# include < stdio.h>  /* 标准输入/输出定义 */
# include < stdlib.h>  /* 标准函数库定义 */
# include < unistd.h>  /* Unix 标准函数定义 */
# include < sys/types.h>
# include < sys/stat.h>
# include < fcntl.h>  /* 文件控制定义 */
# include < termios.h>  /* PPSIX 终端控制定义 */
# include < errno.h>  /* 错误号定义 */
# include < string.h>
# include < iostream>
# include < string>
# include < ctype.h>
# define COM_DEVICE "/dev/ttyUSB0"// 此处修改下位机设备地址,终端使用 ls/dev 命令
```
查看设备地址,显示列表中有:ttyUSB0,ttyUSB1 ...
```cpp
using namespace std;
using namespace cv;
/*
* 串口控制部分
*/
static int openSerialDevice(){
    int fd;
    fd= open(COM_DEVICE,O_RDWR);
    return fd;
}
static void closeSerialDevice(int fd){
    close(fd);
}
/*
* @ brief 设置串口通信速率
* @ param fd
类型 int 打开串口的文件句柄
* @ param speed
类型 int 串口速度
* @ return void
*/
static int speed_arr[]= {B115200,B38400,B19200,B9600,B4800,B2400,B1200,B300,};
static int name_arr[]= {115200,38400,19200,9600,4800,2400,1200,300,};
static void set_speed(int fd,int speed){
    int
    i;
    int
    status;
    struct termios
```

```
            Opt;
            tcgetattr(fd,&Opt);
            for (i= 0;i< sizeof(speed_arr)/sizeof(int);i++ ) {
                if (speed= = name_arr[i]) {
                    tcflush(fd,TCIOFLUSH);
                    cfsetispeed(&Opt,speed_arr[i]);
                    cfsetospeed(&Opt,speed_arr[i]);
                    status= tcsetattr(fd,TCSANOW,&Opt);
                        if (status != 0) {
                            perror("tcsetattr fd1");
                            return;
                        }
                    tcflush(fd,TCIOFLUSH);
                }
            }
        }
        /*
        * @ brief
设置串口数据位,停止位和校验位
        * @ param fd
类型 int 打开的串口文件句柄
        * @ param databits
类型 int　数据位　取值为 7 或 8
        * @ param stopbits
类型 int　停止位　取值为 1 或 2
        * @ param parity
类型 char 校验位　取值为 N,E,O,S
        */
        static int set_Parity(int fd,int databits,int stopbits,char parity){
            struct termios options;
            if (tcgetattr(fd,&options) ! = 0) {
                perror("SetupSerial 1");
                return - 1;
            }
            options.c_cflag &=~ CSIZE;
            switch (databits)/* 设置数据位数 */{
                case 7:
                    options.c_cflag |= CS7;
                    break;
                case 8:
                    options.c_cflag |= CS8;
                    break;
                default:
                    fprintf(stderr,"Unsupported data size\n");
```

```
            return - 2;
        }
    switch (parity){
        case 'n':
        case 'N':
            options.c_cflag &=~ PARENB;
            /*  Clear parity enable */
            options.c_iflag &=~ INPCK;
            /*  Enable parity checking */188
            break;
        case 'o':
        case 'O':
            options.c_cflag |= (PARODD | PARENB);/* 设置为奇校验 */
            options.c_iflag |= INPCK;
            /*  Disnable parity checking */
            break;
        case 'e':
        case 'E':
            options.c_cflag |= PARENB;
            /*  Enable parity */
            options.c_cflag &=~ PARODD;
            /* 转换为偶校验 */
            options.c_iflag |= INPCK;
            /*  Disnable parity checking */
            break;
        case 'S':
        case 's':
            /* as no parity*/
            options.c_cflag &=~ PARENB;
            options.c_cflag &=~ CSTOPB;break;
        default:
            fprintf(stderr,"Unsupported parity\n");
            return - 3;
    }
    /* 设置停止位 */
    switch (stopbits){
        case 1:
            options.c_cflag &=~ CSTOPB;
            break;
        case 2:
            options.c_cflag |= CSTOPB;
            break;
        default:
            fprintf(stderr,"Unsupported stop bits\n");
```

```
            return - 4;
        }
        options.c_lflag &=~ (ECHO|ECHONL|ICANON|ISIG|IEXTEN);
        //
        options.c_iflag&=~ (IGNBRK|BRKINT|PARMRK|ISTRIP|INLCR|IGNCR|ICRNL|IXON|INPCK);
        tcflush(fd,TCIFLUSH);
        options.c_cc[VTIME]= 150;/* 设置超时 15s*/
        options.c_cc[VMIN]= 0;/* Update the options and do it NOW*/
        if (tcsetattr(fd,TCSANOW,&options) ! = 0){
            perror("SetupSerial 3");
            return - 5;
        }
        return 0;
}
/*
int serial_data_read(int fd,char * buf,int len){
    int nRead;
    nRead= read(fd,buf,len);
    return nRead;
}
*/
//串口读取
string serial_data_read(int fd){
    char cstr[512];
    char buf[1];
    int i= 0;
    while(read(fd,buf,1)> 0){
        if(buf[0] ! = '\n'){
            cstr[i]= buf[0];
            i++ ;
        }else{
            cstr[i]= '\0';
            break;
        }
    }
    string str= cstr;
    return str;
}
//串口发送
int serial_data_send(int fd,const char * buf,int len){
    int nWrite;
    nWrite= write(fd,buf,len);
    return nWrite;
}
```

```cpp
string to_string(int a){
    ostringstream ostr;
    ostr << a;
    189string astr= ostr.str();
    return astr;
}
int main(){
    int number;
    //打开串口
    int sfd;
    int ret;
    //串口开启判断,无串口设备则退出主程序
    sfd= openSerialDevice();
    if (sfd< 0){
        printf("open device failed! \n");
        return - 1;
    }
    //串口波特率设置为 9600
    set_speed(sfd,9600);
    ret= set_Parity(sfd,8,1,'N');
    if (ret< 0){
        printf("set parity error,ret: % d\n",ret);
        return - 2;
    }
    //开始主循环
    for(;;){
        cout << "请输入数字(1~ 9):" << endl;
        cin >> number;
        if(number <= 0 || number>9){
            cout << "error number" << endl;
            continue;
        }
        serial_data_send(sfd,to_string(number).c_str(),sizeof(to_string(number).c_
        str()));
        for(;;){
            if(serial_data_read(sfd)== "ok") {
                cout << "ok" << endl;
                break;
            }
        }
    }
    return 0;
}
```

serial_test. py 代码：

```python
# ! /usr/bin/python
# - * - coding:UTF- 8- * -
import serial
ser= serial.Serial('/dev/ttyUSB0',9600,parity= serial.PARITY_NONE)
if ser.isOpen()= = False:
    ser.open()
else:
    print("begin")
try:
    while 1:
        n= int(input("请输入数字(1~ 9):"))
        print n
        if (n< 1) or (n> 9):
            print("数字超出范围!")
            continue
        str_num= str(n)
        ser.write(str_num)
        while 1:# 接收数据
            size= ser.inWaiting()
            response= ser.read(size)
                if str(response)= = "ok\n":
                    print("ok")
                    ser.flushInput()
                    break
except keyboardInterrupt:
ser.close()
```

五、思考题

1. 树莓派有几个串口？每个串口的特点是什么？

2. 显示键盘数字可以应用在哪些方面？

树莓派与 BASRA 串口通信实验报告

实验日期：_____年_____月_____日

班级：_____ 姓名：_____ 指导教师：_____ 成绩：_____

一、实验目的

二、思考题讨论

三、心得体会

实验二十八　色卡识别实验

一、实验目的

1. 能够实现实物的颜色采集及矫正。
2. 比对实物颜色与计算机设定的颜色一致度。

二、实验设备和工具

树莓派控制板、8G 或 16G 内存卡、HDMI 视频线、显示屏、USB 线、摄像头、BigFish 扩展板、BASRA 控制板、锂电池。

三、实验设备说明及原理

（1）接入摄像头：首先，通过树莓派的摄像头（如 USB 摄像头）获取视频流。这可以通过 OpenCV 的 VideoCapture 类实现。

（2）颜色空间转换：RGB 模型虽然适合显示，但并不适合作为颜色识别的模型，因此需要将捕获的视频帧从 RGB 颜色空间转换到 HSV 颜色空间。HSV（hue 色调、saturation 饱和度、value 亮度）模型更符合人眼的感受，将其作为颜色识别的模型会大大提高颜色识别的鲁棒性，因为 HSV 模型颜色识别大大减少了对环境光的依赖。在 OpenCV 中，可以使用 cvtColor 函数实现这一转换。

（3）颜色提取：在 HSV 颜色空间中，可以设定一个颜色范围（hue、saturation、value 的阈值），以提取出视频帧中的特定颜色（即色卡的颜色）。这可以通过创建一个 HSV 颜色范围的掩码，然后使用 bitwise_and 函数将原始图像和掩码进行位与运算，从而得到只包含特定颜色的图像。

（4）色卡识别：在得到只包含特定颜色的图像后，可以使用 OpenCV 的轮廓检测函数（如 findContours）来找到色卡的位置。然后，可以通过计算轮廓的边界框（boundingRect）来得到色卡的位置和大小。

（5）结果输出：最后，可以将识别的结果（如色卡的位置和大小）输出到屏幕上，然后和电脑上标准的色卡进行比较。

四、实验内容和步骤

步骤一：选用实验工具箱零件，连接电路，如图 28-1 所示。

步骤二：将 color_test.ino 文件烧录至 BASRA 控制板。

步骤三：将 BASRA 控制板以及摄像头通过 USB 线与树莓派连接。

步骤四：在树莓派上编译并运行 color_test.cpp 文件。

步骤五：程序运行后，观察遮挡在摄像头前的卡板颜色是否与显示器上所显示的一致，最后按 Ctrl＋C 结束程序，如图 28-2 所示。

图 28-1　硬件连接示意图

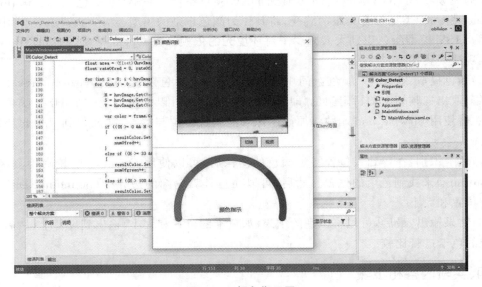

图 28-2　颜色指示图

本实验的参考代码包括：color_test. cpp、color_test. ino。

color_test. cpp 代码：

```
# include < iostream>
# include < vector>
# include < opencv2/opencv.hpp>
# include < stdio.h>
/* 标准输入/输出定义 */
```

```c
# include < stdlib.h>
/* 标准函数库定义 */
# include < unistd.h>
/* Unix 标准函数定义 */
# include < sys/types.h>
# include < sys/stat.h>
# include < fcntl.h>
/* 文件控制定义 */
# include < termios.h>
/* PPSIX 终端控制定义 */
# include < errno.h>
/* 错误号定义 */
# include < string.h>
# include < iostream>
# include < string>
# include < ctype.h>
# define COM_DEVICE "/dev/ttyUSB0"// 此处修改下位机设备地址,终端使用 ls/dev 命令查
看设备地址,显示列表中有:ttyUSB0,ttyUSB1...
using namespace std;
using namespace cv;
struct Color{
    double numOfgreen;
    double numOfred;
    double numOfblue;
    int rateOfgreen;
    int rateOfred;
    int rateOfblue;
}
struct Color color;
/*
* 串口控制部分
*/
static int openSerialDevice(){
    int fd;
    fd= open(COM_DEVICE,O_RDWR);
    return fd;
}
static void closeSerialDevice(int fd){
    close(fd);
}
/*
* @ brief 设置串口通信速率
* @ param fd
类型 int 打开串口的文件句柄
```

```
 * @ param speed
```
类型 int 串口速度
```
 * @ return void
 */
static int speed_arr[]= {B115200,B38400,B19200,B9600,B4800,B2400,B1200,B300,};
static int name_arr[]= {115200,38400,19200,9600,4800,2400,1200,300,};
static void set_speed(int fd,int speed){
    int i;
    int status;
    struct termios Opt;
    tcgetattr(fd,&Opt);
    for (i= 0;i< sizeof(speed_arr)/sizeof(int);i++ ) {
        if (speed= = name_arr[i]) {
            tcflush(fd,TCIOFLUSH);196
            cfsetispeed(&Opt,speed_arr[i]);
            cfsetospeed(&Opt,speed_arr[i]);
            status= tcsetattr(fd,TCSANOW,&Opt);
            if (status != 0) {
                perror("tcsetattr fd1");
                return;
            }
            tcflush(fd,TCIOFLUSH);
        }
    }
}
/*
 * @ brief
```
设置串口数据位,停止位和校验位
```
 * @ param fd
```
类型 int 打开的串口文件句柄
```
 * @ param databits
```
类型 int 数据位 取值 为 7 或者 8
```
 * @ param stopbits
```
类型 int 停止位　取值为 1 或 2
```
 * @ param parity
```
类型 char 校验位　 取值为 N,E,O,S
```
 */
static int set_Parity(int fd,int databits,int stopbits,char parity){
    struct termios options;
    if (tcgetattr(fd,&options) != 0) {
        perror("SetupSerial 1");
        return - 1;
    }
    options.c_cflag &=~ CSIZE;
```

```
switch (databits){ /* 设置数据位数 */
    case 7:
        options.c_cflag |= CS7;
        break;
    case 8:
        options.c_cflag |= CS8;
        break;
    default:
        fprintf(stderr,"Unsupported data size\n");
        return - 2;
}
switch (parity){
    case 'n':
    case 'N':
        options.c_cflag &=~ PARENB;
        /* Clear parity enable */
        options.c_iflag &=~ INPCK;
        /* Enable parity checking */
        break;
    case 'o':
    case 'O':
        options.c_cflag |= (PARODD | PARENB);/* 设置为奇校验 */
        options.c_iflag |= INPCK;
        /* Disnable parity checking */
        break;
    case 'e':
    case 'E':
        options.c_cflag |= PARENB;
        /* Enable parity */
        options.c_cflag &=~ PARODD;
        /* 转换为偶校验 */
        options.c_iflag |= INPCK;
        /* Disnable parity checking */
        break;
    case 'S':
    case 's': /* as no parity*/
        options.c_cflag &=~ PARENB;
        options.c_cflag &=~ CSTOPB;break;
    default:
        fprintf(stderr,"Unsupported parity\n");
        return - 3;
}
/* 设置停止位 */
switch (stopbits){
```

```
        case 1:
            options.c_cflag &=~ CSTOPB;
            break;
        case 2:
            options.c_cflag |= CSTOPB;
            break;
        default:
            fprintf(stderr,"Unsupported stop bits\n");
            return - 4;
    }
    options.c_lflag &=~ (ECHO|ECHONL|ICANON|ISIG|IEXTEN);
    //
    options.c_iflag &=~ (IGNBRK|BRKINT|PARMRK|ISTRIP|INLCR|IGNCR|ICRNL|IXON|INPCK);
    tcflush(fd,TCIFLUSH);
    options.c_cc[VTIME]= 150;/* 设置超时 15 s*/
    options.c_cc[VMIN]= 0;/*  Update the options and do it NOW */
    if (tcsetattr(fd,TCSANOW,&options) ! = 0){
        perror("SetupSerial 3");
        return - 5;
    }
    return 0;
}
/*
int serial_data_read(int fd,char * buf,int len){
    int nRead;
    nRead= read(fd,buf,len);
    return nRead;
}
*/
//串口读取
string serial_data_read(int fd){
    char cstr[512];
    char buf[1];
    int i= 0;
    while(read(fd,buf,1)> 0){
        if(buf[0] ! = '\n'){
            cstr[i]= buf[0];
            i++ ;
        }else{
            cstr[i]= '\0';
            break;
        }
    }
    string str= cstr;
```

```
    return str;
}
//串口发送
int serial_data_send(int fd,const char * buf,int len){
    int nWrite;
    nWrite= write(fd,buf,len);
    return nWrite;
}
string to_string(int a){
    ostringstream ostr;
    ostr <<  a;
    string astr= ostr.str();
    return astr;
}
//颜色检测
void filteredRed(const Mat &inputImage,Mat &resultGray,Mat &resultColor,
                int *  pfd,struct Color *  pColor){
    Mat hsvImage;
    cvtColor(inputImage,hsvImage,CV_BGR2HSV);
    resultGray= Mat(hsvImage.rows,hsvImage.cols,CV_8U,cv::Scalar(255));
    resultColor= Mat(hsvImage.rows,hsvImage.cols,CV_8UC3,cv::Scalar(255,255,255));
    double H= 0.0,S= 0.0,V= 0.0;
    for(int i= 0;i< hsvImage.rows;i++ ){
        for(int j= 0;j< hsvImage.cols;j++ ){
            H= hsvImage.at< Vec3b> (i,j)[0];
            S= hsvImage.at< Vec3b> (i,j)[1];
            V= hsvImage.at< Vec3b> (i,j)[2];
            if((H >= 35 && H <= 77) && S >= 43 && S >= 46){//绿色所在的 hsv 范围
                /*
                resultGray.at< uchar> (i,j)= 0;
                resultColor.at< Vec3b> (i,j)[0]= inputImage.at< Vec3b> (i,j)[0];
                resultColor.at< Vec3b> (i,j)[1]= inputImage.at< Vec3b> (i,j)[1];
                resultColor.at< Vec3b> (i,j)[2]= inputImage.at< Vec3b> (i,j)[2];
                */
                pColor-> numOfgreen++ ;
            }else if(((H >= 0 && H <= 10) || (H >= 125 && H <= 180)) && S >= 43 &&
                    V >= 46){
                //红色所在 hsv 范围
                pColor-> numOfred++ ;
            }else if((H> 100 && H< 124) && S >= 43 && S >= 46){//蓝色所在 hsv 范围
                pColor-> numOfblue++ ;
            }
        }
    }
}
```

```
    pColor-> rateOfgreen=
            (float)(pColor-> numOfgreen)/(float)(hsvImage.rows* hsvImage.cols)* 100;
    pColor-> rateOfred=
            (float)(pColor-> numOfred)/(float)(hsvImage.rows* hsvImage.cols)* 100;
    pColor-> rateOfblue=
            (float)(pColor-> numOfblue)/(float)(hsvImage.rows* hsvImage.cols)* 100;
    if(pColor-> rateOfgreen> 35)
            serial_data_send(* pfd,"1\n",sizeof("1\n"));
    else if(pColor-> rateOfred> 50)
            serial_data_send(* pfd,"2\n",sizeof("2\n"));
    else if(pColor-> rateOfblue> 45)
            serial_data_send(* pfd,"3\n",sizeof("3\n"));
    pColor-> numOfgreen= 0;
    pColor-> numOfred= 0;
    pColor-> numOfblue= 0;
    pColor-> rateOfgreen= 0;
    pColor-> rateOfred= 0;
    pColor-> rateOfblue= 0;
}
int main(){
    VideoCapture cap;
    int camNum= 0;
    //此处修改摄像头设备号,终端使用v4l2- ctl-- list- formats命令查看
    设备号 0,1,2....
    cap.open(camNum);
    //摄像头开启判断,摄像头画面捕捉不成功退出主程序
    if(! cap.isOpened()){
        cout << "* * * Could not initialize capturing...* * * \n";
        return - 1;
    }
    //打开串口
    int sfd;
    int ret;//串口开启判断,无串口设备则退出主程序
    sfd= openSerialDevice();
    if (sfd< 0){
        printf("open device failed! \n");
        return - 1;
    }
    //串口波特率设置为9600
    set_speed(sfd,9600);
    ret= set_Parity(sfd,8,1,'N');
    if (ret< 0){
        printf("set parity error,ret: % d\n",ret);
        return - 2;
```

```
        }
        // 开始主循环
        # ifdef DEBUG
        cout <<  "Begin!" << endl;
        # endif
        Mat frame,resultgray,resultcolor;
        for(;;){
            cap >>  frame;
            // 从摄像头输入 frame
            filteredRed(frame,resultgray,resultcolor,&sfd,&color);
        }
        return 0;
}
```

color_test.ino 代码：

```
/*
color_test
2023/10/10
*/
# include < Servo.h>
Servo myServo;
enum Color{
    GREEN= 1,RED,BLUE
}
int servo_value[3]= {95,68,40};
int angle= 135;
const int delay_time= 15;
unsigned long t= 0;
boolean servo_reset= false;
void setup() {
    Serial.begin(9600);
    myServo.attach(4);
    myServo.write(angle);
    delay(1000);
}
void loop() {
    ColorDetect();
}
String SerialRead(){
    String s;
    while(Serial.available()> 0){
        s= Serial.readStringUntil('\n');
        s.trim();
        return s;
    }
```

```
    }
void ColorDetect(){
    int a= SerialRead().toInt();
    if(a){
        switch(a){
            case GREEN:
                ServoMove(servo_value[a- 1]);
                break;
            case RED:
                ServoMove(servo_value[a- 1]);
                break;
            case BLUE:
                ServoMove(servo_value[a- 1]);
                break;
            }
            Serial.print("ok\n");
            servo_reset= true;
            t= millis();
        }
        if((millis()- t> 10000) && servo_reset) {
            ServoMove(135);
            servo_reset= false;
        }
    }
void ServoMove(int where){
    int delta= where- angle;
    int diff= delta> 0 ? 1 : - 1;
    for(int i= 0;i< abs(delta);i++ ){
        angle += diff;
        myServo.write(angle);
        delay(delay_time);
    }
    }
```

五、思考题

1.简述色卡识别技术的原理及应用。

2.实物的颜色采集矫正是否能使计算机设定的颜色一致度达到100%,为什么?

色卡识别实验报告

实验日期：_____年_____月_____日

班级：_____　姓名：_____　指导教师：_____　成绩：_____

一、实验目的

二、思考题讨论

三、心得体会

实验二十九　彩色目标追踪实验

一、实验目的

1.能够复述彩色目标追踪技术。

2.通过对实验器材的拼装连接提升实践能力。

二、实验设备和工具

树莓派控制板、8G 或 16G 内存卡、HDMI 视频线、显示屏、USB 线、摄像头、BigFish 扩展板、BASRA 控制板、锂电池。

三、实验设备说明及原理

（1）接入摄像头：树莓派可以通过 USB 接口外接摄像头。摄像头被接入后，需要通过 OpenCV 的 VideoCapture 类来捕捉摄像头的视频流。

（2）颜色空间转换：摄像头捕捉到的视频一般是 RGB 颜色空间的，但在处理时，经常需要将其转换为 HSV 颜色空间。这是因为 HSV 颜色空间更接近于人类视觉系统对颜色的感知，而且更容易对特定颜色的物体进行识别。

（3）颜色阈值设置：在 HSV 颜色空间中，可以设置特定的颜色阈值，以便从视频帧中筛选出目标颜色的像素。例如，如果要追踪红色的物体，可以设置红色的 HSV 值范围。

（4）目标识别：颜色阈值设置后，目标颜色的像素区域就可以从视频帧中识别出来，这就是要追踪的目标。

（5）目标追踪：识别出目标后，就可以使用 OpenCV 的追踪算法（如 CAMShift、MIL、KCF 等）对目标进行追踪。这些追踪算法会计算出目标的质心，然后在下一帧中，根据质心的位置找到目标，从而实现对目标的连续追踪。

四、实验内容和步骤

步骤一：选用实验工具箱零件，按图 29-1 所示进行硬件连接。

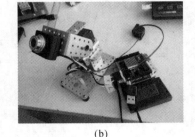

(a)　　　　　　　　　　　　　　(b)

图 29-1　硬件连接示意图

步骤二：将 camshift_arduino.ino 文件下载至 BASRA 控制板。

步骤三：BASRA 控制板、摄像头与树莓派通过 USB 线连接。

步骤四:编译运行 camshift_new. cpp 文件。

步骤五:观察运行效果。

本实验的参考代码包括:camshift_arduino. ino、camshift_new. cpp。

camshift_arduino. ino 代码:

```c
# include "opencv2/video/tracking.hpp"
# include "opencv2/imgproc/imgproc.hpp"
# include "opencv2/highgui/highgui.hpp"
# include < stdio.h>
/* 标准输入/输出定义 */
# include < stdlib.h>
/* 标准函数库定义 */
# include < unistd.h>
/* Unix 标准函数定义 */
# include < sys/types.h>
# include < sys/stat.h>
# include < fcntl.h>
/* 文件控制定义 */
# include < termios.h>
/* PPSIX 终端控制定义 */
# include < errno.h>
/* 错误号定义 */
# include < string.h>
# include < iostream>
# include < string>
# include < ctype.h>
# define COM_DEVICE "/dev/ttyUSB0"
using namespace cv;
using namespace std;
Mat image;
bool backprojMode= false;
bool selectObject= false;//用来判断是否选中,当按下鼠标左键时为 true,松开时为 false
int trackObject= 0;
bool showHist= true;
Point origin;//选中的起点
Rect selection;//选中的区域
// int vmin= 10,vmax= 256,smin= 30;//图像掩膜需要的边界常数
int vmin= 130,vmax= 256,smin= 150;//图像掩膜需要的边界常数
/*
* 串口控制部分
*/
static int openSerialDevice(){
    int fd;
    fd= open(COM_DEVICE,O_RDWR);
```

```
        return fd;
    }
    static void closeSerialDevice(int fd){
        close(fd);
    }
    /*
    * @ brief 设置串口通信速率
    * @ param fd
```
类型 int 打开串口的文件句柄
```
    * @ param speed
```
类型 int 串口速度
```
    * @ return void
    */
    static int speed_arr[]= {B115200,B38400,B19200,B9600,B4800,B2400,B1200,B300,};
    static int name_arr[]= {115200,38400,19200,9600,4800,2400,1200,300,};
    static void set_speed(int fd,int speed){
        int
        i;
        int
        status;
        struct termios
        Opt;
        tcgetattr(fd,&Opt);
        for (i= 0;i< sizeof(speed_arr)/sizeof(int);i++ ) {
            if (speed== name_arr[i]) {
                tcflush(fd,TCIOFLUSH);
                cfsetispeed(&Opt,speed_arr[i]);
                cfsetospeed(&Opt,speed_arr[i]);
                status= tcsetattr(fd,TCSANOW,&Opt);
                  if (status != 0) {
                        perror("tcsetattr fd1");
                        return;
                    }
                tcflush(fd,TCIOFLUSH);
            }
        }
    }
    /*
    * @ brief
```
设置串口数据位,停止位和校验位
```
    * @ param fd
```
类型 int 打开的串口文件句柄
```
    * @ param databits
```
类型 int 数据位　取值为 7 或 8

```
* @ param stopbits
类型 int 停止位　取值为 1 或 2
* @ param parity
类型 char 校验类型　取值为 N,E,O,S
*/
static int set_Parity(int fd,int databits,int stopbits,char parity){
    struct termios options;
    if (tcgetattr(fd,&options) != 0) {
        perror("SetupSerial 1");
        return - 1;
    }
    options.c_cflag &=~ CSIZE;
    switch (databits) /* 设置数据位数 */{
        case 7:
            options.c_cflag |= CS7;
            break;
        case 8:
            options.c_cflag |= CS8;
            break;
        default:
            fprintf(stderr,"Unsupported data size\n");
            return - 2;
    }
    switch (parity){
        case 'n':
        case 'N':
            options.c_cflag &=~ PARENB;
            /*  Clear parity enable */
            options.c_iflag &=~ INPCK;
            /*  Enable parity checking */
            break;
        case 'o':
        case 'O':
            options.c_cflag |= (PARODD | PARENB);/* 设置为奇校验 */
            options.c_iflag |= INPCK;
            /*  Disnable parity checking */
            break;
        case 'e':
        case 'E':
            options.c_cflag |= PARENB;
            /*  Enable parity */
            options.c_cflag &=~ PARODD;
            /* 转换为偶校验 */
            options.c_iflag |= INPCK;
```

```
                    /*  Disnable parity checking */
                    break;
            case 'S':
            case 's': /* as no parity*/
                options.c_cflag &=~ PARENB;
                options.c_cflag &=~ CSTOPB;break;
            default:
                fprintf(stderr,"Unsupported parity\n");
                return - 3;
        }
    /* 设置停止位*/
    switch (stopbits){
        case 1:
            options.c_cflag &=~ CSTOPB;
            break;
        case 2:
            options.c_cflag |= CSTOPB;
            break;
        default:
            fprintf(stderr,"Unsupported stop bits\n");
            return - 4;
    }
    options.c_lflag &=~ (ECHO|ECHONL|ICANON|ISIG|IEXTEN);
    //
    options.c_iflag &=~ (IGNBRK|BRKINT|PARMRK|ISTRIP|INLCR|IGNCR|ICRNL|IXON|INPCK);
    tcflush(fd,TCIFLUSH);
    options.c_cc[VTIME]= 150;/* 设置超时 15 s*/
    options.c_cc[VMIN]= 0;/* Update the options and do it NOW */
    if (tcsetattr(fd,TCSANOW,&options) ! = 0){
        perror("SetupSerial 3");
        return - 5;
    }
    return 0;
}
/*
int serial_data_read(int fd,char * buf,int len){
    int nRead;
    nRead= read(fd,buf,len);
    return nRead;
}
*/
//串口读取
string serial_data_read(int fd){
    char cstr[512];
```

```
        char buf[1];
        int i= 0;
        while(read(fd,buf,1)> 0){
            if(buf[0] ! = '\n'){
                cstr[i]= buf[0];
                i++ ;
                }else{
                cstr[i]= '\0';
                break;
            }
        }
    string str= cstr;
    return str;
}
int serial_data_send(int fd,const char * buf,int len){
    int nWrite;
    nWrite= write(fd,buf,len);
    return nWrite;
}
string to_string(int a){
    ostringstream ostr;
    ostr <<  a;
    string astr= ostr.str();
    return astr;
}
// 鼠标事件响应函数,这个函数从按下左键开始响应,直到释放左键为止
static void onMouse(int event,int x,int y,int,void* ){
    if(selectObject){
        // 选择区域的 x 坐标,选起点与当前点的最小值,保证鼠标不管向右下角还是左上角
            拉动都能正确选择
        selection.x= MIN(x,origin.x);
        selection.y= MIN(y,origin.y);
        // 获得选择区域的宽和高
        selection.width= std::abs(x- origin.x);
        selection.height= std::abs(y- origin.y);
        // 这条语句多余,去掉不影响结果
        // selection &= Rect(0,0,image.cols,image.rows);
    }
    switch(event){
    case CV_EVENT_LBUTTONDOWN:// 按下鼠标时,捕获点 origin
        origin= Point(x,y);
        selection= Rect(x,y,0,0);
        selectObject= true;// 这时 switch 前面的 if 语句条件为 true,执行该语句
        break;
```

```
        case CV_EVENT_LBUTTONUP://松开鼠标时,捕获 width 和 height
            selectObject= false;
            if(selection.width> 0 && selection.height> 0)
                trackObject= - 1;//重新计算直方图
            break;
    }
}
static void help()//打印控制按键说明{
    cout <<  "\nThis is a demo that shows mean-shift based tracking\n"
        "You select a color objects such as your face and it tracks it.\n"
        "This reads from video camera (by default,or the camera number the user
        enters\n"
        "Usage: \n"
        "./camshiftdemo[camera number]\n";
    cout <<  "\n\nHot keys: \n"
        "\tESC-quit the program\n"
        "\tc-stop the tracking\n"
        "\tb-switch to/from backprojection view\n"
        "\th-show/hide object histogram\n"
        "\tp-pause video\n"
        "To initialize tracking,select the object with mouse\n";
}
const char*  keys= {
    "{1| | 0 | camera number}"
};
//绘制直线函数
void DrawLine(Mat *  pimg,int *  pArr){
    line(* pimg,Point(* pArr,* (pArr+ 1)),Point(* (pArr+ 2),* (pArr+ 3)),Scalar(0,0,
    255),1,CV_AA);

}
//位置判断以及串口命令发送
void SerialWrite(int *  px,int *  py,int *  fd){
    /*
    * 1-> right
    * 2-> left
    * 3-> up
    * 4-> down
    */
    if(* px> 0 && * px< 260){
        //1
        serial_data_send(* fd,"1",sizeof("1"));
    }else if(* px> 380 && * px< 640){
        //2
        serial_data_send(* fd,"2",sizeof("2"));
```

```
        }else if(* py> 0 && * py< 180){
            //3
            serial_data_send(* fd,"3",sizeof("3"));
        }else if(* py> 300 && * py< 480){
            //4
            serial_data_send(* fd,"4",sizeof("4"));
        }
}
int main(int argc,const char* * argv){
    help();
    VideoCapture cap;
    Rect trackWindow;//要跟踪的窗口
    int hsize= 16;//创建直方图时要用的常量
    float hranges[]= {0,180};
    const float* phranges= hranges;
    CommandLineParser parser(argc,argv,keys);
    int camNum= parser.get< int> ("1");//现在 camNum= 0
    cap.open(camNum);
    //打开串口
    int sfd;
    int ret;
    int i;
    char dataBuf[1024]= {0};
    sfd= openSerialDevice();
    if (sfd< 0){
        printf("open device failed! \n");
        return - 1;
    }
    set_speed(sfd,9600);
    //串口波特率设置为 115200
    ret= set_Parity(sfd,8,1,'N');
    if (ret< 0){
        printf("set parity error,ret: % d\n",ret);
        return - 2;
    }
    //摄像头画面捕捉不成功则退出程序
    if(! cap.isOpened()){
        help();
        cout<<  "* * * Could not initialize capturing...* * * \n";
        cout <<  "Current parameter's value: \n";
        parser.printParams();//打印出 cmd 参数信息
        return - 1;
    }
    //关于显示窗口的一些设置
```

```
namedWindow("Histogram",0);
namedWindow("CamShift Demo",0);
// 设置鼠标事件,把鼠标响应与 onMouse 函数关联起来
setMouseCallback("CamShift Demo",onMouse,0);
// 创建三个滑块条,特定条件用滑块条选择不同参数能获得较好的跟踪效果
createTrackbar("Vmin","CamShift Demo",&vmin,256,0);
createTrackbar("Vmax","CamShift Demo",&vmax,256,0);
createTrackbar("Smin","CamShift Demo",&smin,256,0);
// 创建 Mat 变量,frame,hsv,hue,mask,hist,histimg,backproj;其中 histimg 初始化为
   200×300 的零矩阵
Mat frame,hsv,hue,mask,hist,histimg= Mat::zeros(200,320,CV_8UC3),backproj;
int xpos= 320,ypos= 240;// 记录物体坐标值
// h= 480,w= 640;// 窗口大小
int pos[4][4]= {
    0,150,640,150,// row1
    0,330,640,330,// row2
    220,0,220,480,// col1
    420,0,420,480
    // col2
};
bool paused= false;
// 主循环
for(;;){
    if(! paused){
        cap>> frame;// 从摄像头输入 frame
        if(frame.empty())// 为空,跳出主循环
            break;
    }
    frame.copyTo(image);// frame 存入 image
    if(! paused){
        cvtColor(image,hsv,CV_BGR2HSV);// 将 BGR 转换成 HSV 格式,存入 hsv 中,hsv 是 3
        通道
        if(trackObject){// 松开鼠标左键时,trackObject 为- 1,执行核心部分
        int _vmin= vmin,_vmax= vmax;
        // inRange 用来检查元素的取值范围是否在另两个矩阵的元素取值之间,返回验证矩阵
           mask(0-1 矩阵)
        // 这里用于制作掩膜版,只处理像素值为 H:0~180,S:smin~256,V:vmin~vmax 之间的
           部分
        inRange(hsv,Scalar(0,smin,MIN(_vmin,_vmax)),
        Scalar(180,256,MAX(_vmin,_vmax)),mask);
        int ch[]= {0,0};
        // type 包含通道信息,例如 CV_8UC3,而深度信息 depth 不包含通道信息,例如 CV_8U
        hue.create(hsv.size(),hsv.depth());// hue 是单通道
        mixChannels(&hsv,1,&hue,1,ch,1);// 将 H 分量拷贝到 hue 中,其他分量不拷贝
```

```
if(trackObject< 0){
    //窗口大小
    //h= image.rows;
    //w= image.cols;
    //roi 为选中区域的矩阵,maskroi 为 0-1 矩阵
    Mat roi(hue,selection),maskroi(mask,selection);
    //绘制色调直方图 hist,仅限于用户选定的目标矩形区域
    calcHist(&roi,1,0,maskroi,hist,1,&hsize,&phranges);
    normalize(hist,hist,0,255,CV_MINMAX);//必须是单通道,hist 是单通道。归
                                          一化,范围为 0~255
    trackWindow= selection;
    trackObject= 1;//trackObject 置 1,接下来就不需要再执行这个 if 块了
    histimg= Scalar::all(0);//用于显示直方图
    //计算每个直方的宽度
    int binW= histimg.cols/hsize;//hsize 为 16,共显示 16 个
    Mat buf(1,hsize,CV_8UC3);
    for(int i= 0;i< hsize;i++ )//直方图每一项的颜色是根据项数变化的
        buf.at< Vec3b> (i)= Vec3b(saturate_cast< uchar> (i* 180./hsize),
        255,255);
    cvtColor(buf,buf,CV_HSV2BGR);
    //量化等级一共有 16 个等级,故循环 16 次,画 16 个直方块
    for(int i= 0;i< hsize;i++ ){
        int val= saturate_cast< int> (hist.at< float> (i)* histimg.rows/
        255);//获取直方图每一项的高
        //画直方图。OpenCV 中左上角为坐标原点
        rectangle(histimg,Point(i* binW,histimg.rows),
        Point((i+ 1)* binW,histimg.rows-val),
        Scalar(buf.at< Vec3b> (i)),- 1,8);
    }
}
//根据直方图 hist 计算整幅图像的反向投影图 backproj,backproj 与 hue 大小相同
calcBackProject(&hue,1,0,hist,backproj,&phranges);
//计算 backproj、mask 这两个矩阵的每个元素
backproj &= mask;
//调用最核心的 camshift 函数
//TermCriteria 是算法完成的条件
RotatedRect trackBox;
int Iteration= meanShift(backproj,trackWindow,
TermCriteria(CV_TERMCRIT_EPS|CV_TERMCRIT_ITER,10,1));
if(Iteration! = 0&& trackWindow.x >= 0 && trackWindow.y >= 0){
    trackBox= CamShift(backproj,trackWindow,
    TermCriteria(CV_TERMCRIT_EPS|CV_TERMCRIT_ITER,10,1));
}else{
    Point cp(trackWindow.x+ (trackWindow.width/2),trackWindow.y +
```

```
                    (trackWindow.height/2));
                circle(image,cp,100,Scalar(0,0,255),2);
            }
        xpos= trackWindow.x+ (trackWindow.width/2);
        ypos= trackWindow.y+ (trackWindow.height/2);
        if(trackWindow.area() <= 1){
            int cols= backproj.cols,rows= backproj.rows,r= (MIN(cols,rows)+ 5)/6;
            trackWindow= Rect(trackWindow.x- r,trackWindow.y- r,
            trackWindow.x+ r,trackWindow.y+ r) &
            Rect(0,0,cols,rows);
        }
        if(backprojMode)//转换显示方式,将 backproj 显示出来
            cvtColor(backproj,image,CV_GRAY2BGR);
        //画出椭圆,第二个参数是一个矩形,画该矩形的内接圆
        if(trackBox.size.width> 0 && trackBox.size.height> 0)
            ellipse(image,trackBox,Scalar(0,0,255),3,CV_AA);
    }
}else if(trackObject< 0)
    paused= false;
if(selectObject && selection.width> 0 && selection.height> 0){
    Mat roi(image,selection);
    bitwise_not(roi,roi);
}
for(int i= 0;i< 4;i++ )
    DrawLine(3,pos[i]);
SerialWrite(&xpos,&ypos,&sfd);
imshow("CamShift Demo",image);
imshow("Histogram",histimg);
//每轮都要等待用户的按键控制
char c= (char)waitKey(1);
if(c== 27)//按"Esc"键,直接退出
    break;
switch(c){
    case 'b'://转换显示方式
        backprojMode=! backprojMode;
        break;
    case 'c'://停止追踪
        trackObject= 0;
        histimg= Scalar::all(0);
        break;
    case 'h'://隐藏或显示直方图
        showHist=! showHist;
        if(! showHist)
            destroyWindow("Histogram");
```

```
                else
                    namedWindow("Histogram",1);
                break;
            case 'p'://暂停
                paused=! paused;//frame停止从摄像头获取图像,只显示旧的图像
                break;
            default:
                ;
        }
    }
    return 0;
}
```

camshift_new.cpp 代码：

```
/*
* 彩色目标跟踪 Arduino 程序
* 2023/10/18
* - - - - - - - - - - - - - - - - - - - - - - - - -
* 功能:
* 云台跟踪彩色目标
* 实现:
* 树莓派或者电脑作为上位机使用 OpenCv 识别彩色目标,获取位置数据并通过 USB 串口发送至下
位机
* Arduino 作为下位机通过位置数据控制云台舵机
* - - - - - - - - - - - - - - - - - - - - - - - - -
* 摄像头屏幕方向:
* 0- - - - - - - - - - - - X- - - - - - - - - - 640
* |
* |
* Y
* |
* |
* 480
*/
# include < Servo.h>
// # define DEBUG
// 舵机转动的界限值,PWM
# define X_SERVO_ANGLE_MIN 680
# define X_SERVO_ANGLE_MAX 2000
# define Y_SERVO_ANGLE_MIN 600
# define Y_SERVO_ANGLE_MAX 1620
// 定义舵机每次的转动值
# define SERVO_MOVE_ANGLE 10
// 枚举云台转动的各个方向
```

```
enum Dir{
    CENTER,RIGHT,LEFT,UP,DOWN
};
Servo myS16Servo[2];
int servo_port[2]= {4,7};//定义舵机引脚,云台底部接 4,云台顶部接 7
float value_init[2]= {1530,1100};//定义舵机初始值
float * servo_value= value_init;
void setup() {
    Serial.begin(9600);//打开串口,波特率 9600
    ServoReset();//舵机复位
}
void loop() {
    int serial_data= SerialRead();
    if(serial_data)
        DataProcessing(serial_data);
}
/* 串口部分,对接收到的位置数据进行处理*/
int SerialRead(){
    while(Serial.available()> 0){
        int data= Serial.parseInt();
        return data;
    }
}
/* 数据处理,云台转动函数*/
void DataProcessing(int dir){
    switch(dir){
        case RIGHT:
            Adjust(0,- SERVO_MOVE_ANGLE);
            break;
        case LEFT:
            Adjust(0,SERVO_MOVE_ANGLE);
            break;
        case UP:
            Adjust(1,- SERVO_MOVE_ANGLE);
            break;
        case DOWN:
            Adjust(1,SERVO_MOVE_ANGLE);
            break;
    }
}
/* 舵机调节函数*/
void Adjust(int which,int angle){
    * (servo_value+ which)+= angle;
    if(which== 0){
```

```
        if(* (servo_value+ which)< X_SERVO_ANGLE_MIN)
            * (servo_value+ which)= X_SERVO_ANGLE_MIN;
        else if(* (servo_value+ which)> X_SERVO_ANGLE_MAX)
            * (servo_value+ which)= X_SERVO_ANGLE_MAX;
    }else if(which== 1){
        if(* (servo_value+ which)< Y_SERVO_ANGLE_MIN)
            * (servo_value+ which)= Y_SERVO_ANGLE_MIN;
        else if(* (servo_value+ which)> Y_SERVO_ANGLE_MAX)
            * (servo_value+ which)= Y_SERVO_ANGLE_MAX;
    }
    # ifdef DEBUG
    Serial.print(which);
    Serial.print("");
    Serial.println(* (servo_value+ which));
    # endif
    ServoGo(which,* (servo_value+ which));
}
/* 舵机部分*/
void ServoReset(){
    for(int i= 0;i< 2;i++ ) ServoGo(i,value_init[i]);
}
void ServoStart(int which){
    if(! myServo[which].attached())myServo[which].attach(servo_port[which]);
    pinMode(servo_port[which],OUTPUT);
}
void ServoStop(int which){
    myServo[which].detach();
    pinMode(servo_port[which],LOW);
}
void ServoGo(int which,int where){
    ServoStart(which);
    myServo[which].writeMicroseconds(where);
}
```

五、思考题

1.彩色目标追踪技术可以应用在哪些方面？

2.彩色目标追踪技术的灵感来源于自然界中老鹰抓捕猎物的过程,生活中还有哪些技术源于自然界？

彩色目标追踪实验报告

实验日期：_____年_____月_____日

班级：_____　姓名：_____　指导教师：_____　成绩：_____

一、实验目的

二、思考题讨论

三、心得体会

参 考 文 献

[1]　欧训勇,李援.Arduino 单片机实战开发技术[M].昆明:云南科技出版社,2022.

[2]　陈勇志.Arduino 机器人制作、编程与创新应用[M].成都:西南交通大学出版社,2020.

[3]　陈昌洲.Arduino 程序设计基础[M].北京:北京航空航天大学出版社,2014.

[4]　王利强,张桂英,杨旭,等.RFID 技术与应用[M].天津:天津大学出版社,2019.

[5]　韩洁,李雁星.物联网 RFID 技术与应用[M].武汉:华中科技大学出版社,2019.

[6]　刘连钢.ZigBee 技术无线传感网应用[M].北京:北京理工大学出版社,2021.

[7]　钟永锋,刘永俊.ZigBee 无线传感器网络[M].北京:北京邮电大学出版社,2011.

[8]　林述温.机电装备设计[M].北京:机械工业出版社,2002.

[9]　刘金琨.先进 PID 控制 MATLAB 仿真[M].2 版.北京:电子工业出版社,2004.

[10]　西北工业大学机械原理及机械零件教研室.机械设计[M].北京:高等教育出版社,2019.

[11]　安琦,王建文.机械设计课程设计[M].2 版.上海:华东理工大学出版社,2021.

[12]　孙桓,陈作模,葛文杰,等.机械原理[M].8 版.北京:高等教育出版社,2013.

[13]　西北工业大学机械原理及机械零件教研室,葛文杰.机械原理课程设计[M].北京:高等教育出版社,2022.

[14]　王江伟,刘青.玩转树莓派 Raspberry Pi[M].北京:北京航空航天大学出版社,2013.

[15]　门伯里,豪斯.树莓派学习指南　基于 Linux[M].北京:人民邮电出版社,2014.

[16]　杨丰盛.Android 应用开发揭秘[M].北京:机械工业出版社,2010.

[17]　丘恩.Python 核心编程[M].宋吉广,译.2 版.北京:人民邮电出版社,2008.

[18]　游福成.数字图像处理[M].北京:电子工业出版社,2011.

[19]　刘瑞祯,于仕琪.OpenCV 教程　基础篇[M].北京:北京航空航天大学出版社,2007.

[20]　斯蒂格,尤里奇,威德曼.机器视觉算法与应用[M].杨少荣,等译.北京:清华大学出版社,2008.

参考文献